材料新技术书库

吉林工程技术师范学院学术著作出版专项资助

无机材料的性能及合成

孙蒙　王雪／著

中国纺织出版社有限公司

内 容 提 要

无机化学是化学学科的分支，是化学领域中发展最早的学科，是一门研究元素及其化合物（碳氢化合物及其衍生物除外）的性质和反应的科学，也是学习其他化学学科的基础。在工程认证背景下，仅介绍元素及其简单的化合物已经无法满足学科的发展，本书介绍了前沿无机化合物，如多酸化学、配位化学等，以多酸化学为主线，介绍无机化合物的性质及制备。

本书适合从事无机化学的科研和教学人员使用，也可供从事多酸化学研究的人员参考。

图书在版编目（CIP）数据

无机材料的性能及合成 / 孙蒙，王雪著．-- 北京：中国纺织出版社有限公司，2024．12．--（材料新技术书库）．-- ISBN 978-7-5229-2351-2

Ⅰ．TB321

中国国家版本馆 CIP 数据核字第 2024ZY0601 号

责任编辑：陈怡晓　范雨昕　　特约编辑：马如钦
责任校对：高　涵　　　　　　责任印制：王艳丽

中国纺织出版社有限公司出版发行
地址：北京市朝阳区百子湾东里A407号楼　邮政编码：100124
销售电话：010—67004422　传真：010—87155801
http://www.c-textilep.com
中国纺织出版社天猫旗舰店
官方微博 http://weibo.com/2119887771
三河市宏盛印务有限公司印刷　各地新华书店经销
2024年12月第1版第1次印刷
开本：710×1000　1/16　印张：11
字数：203千字　定价：88.00元

前　言

早在几百万年前，化学便与人类结下了不解之缘。当时，人类还过着极其简单的原始生活，靠生肉和野果为食。后来人类逐渐接触火并认识到火可以带来光明，用来取暖御寒、烧烤食物、驱走野兽。于是，我们的祖先便从野火中引来火种，并努力维持火种，使它为人类服务。

后来在漫长的岁月中，人们又学会了摩擦生火，这些发现是人类历史上划时代的大事。自从发明了人工取火，人类就得到了用火的自由。火使人类可以实现许多有用物质的变化：在熊熊的烈火中，可使黏土、砂土、瓷土烧制成可用的陶瓷和玻璃，也可使矿石放在火中烧炼出有用的金属。

无论是烧制陶器，还是冶炼青铜器和铁器，都属于无机化学范畴。无机化学是化学的一个分支，是化学领域中非常重要的一门学科。这是一门研究所有元素及其化合物（碳氢化合物及其衍生物除外）的性质和反应的科学。

然而，无机化学反应只是化学反应中的冰山一角，主要的化学反应是有机反应。有机化学又称碳化学，是研究有机化合物的结构、性质和制备方法的学科，是化学的一个重要分支。

在有机化学的早期发展中，有机化学主要研究从动植物中分离有机化合物。有机化工的主要原料也是动植物。从19世纪中叶到20世纪初，有机化工逐渐以煤焦油为主要原料。20世纪30年代以来，以乙烯为原料的有机合成不断兴起。到20世纪40年代左右，有机化工原料逐渐向石油、天然气转化，橡胶、合成塑料、合成纤维等工业得到发展。同时发展起来的高分子化学，如聚乙烯、聚氯乙烯等，也对人类的生产生活产生了极大的影响。

另外，对生命本质的探索和如何有效地保护生命是人类很关心的一个问题。由于一切生命过程说到底是靠化学反应来完成的，因此，恰当地运用化学正是调节生命活动和提高人体素质的重要手段。所以，随着化学技术的发展，生物化学越来越引起人们的关注和热情，现在已能从分子水平研究生命物质和生物的遗传与变异问题。

为了促进多酸化学与配位化学的共同发展，全面反映国内外科学工作者在多酸基功能配合物领域的研究进展和所做的贡献，有必要出版一本比较全面、系统地反映多酸基功能配合物研究进展的书籍。对以多酸为无机配体或非配位模板构筑的功能配合物研究现状进行系统全面的总结，为从事多酸化学研究，尤其是为从事配位化学的研究人员提供一本兼具工具书和综述性质的、有参考价值的著作。

目前为止，化学的发展已进入高科技阶段。化学处于材料化学、生命化学、环境化学、绿色化学等新兴交叉学科的中心地位。化学的原理和研究方法在社会生产和生活中得到广泛应用，成为社会生产、国民经济和国防建设不可缺少的部分，但在当今社会中，仍然存在食品不安全、环境污染、温室效应等一系列问题，可能是由人类不正确使用科技成果或使用不成熟的科技成果造成的，这些需要化学工作者进一步去解决。可持续、清洁、高效使用化学知识理论，创造更高的价值，也是化学未来的发展方向。

本书系吉林省教育厅科学研究项目“用于检测爆炸物分子的MOF传感器结构设计与性能研究（JJKH20251193KJ）”的研究成果。在本书的撰写过程中得到了吉林工程技术师范学院校领导的大力支持。同时作者参阅、引用了很多国内外相关文献资料，在此一并表示衷心的感谢。

本书由孙蒙、王雪所著，并由孙蒙统一修改定稿。全书共20万字，其中孙蒙撰写约15万字；王雪撰写约5万字。

受水平所限，书中难免出现错讹之处，敬请读者朋友批评、指正。

孙蒙　王雪

2024年5月

目　录

第一章　绪论 …………………………………………………………… 1
第一节　多酸化学的热点 ……………………………………………… 1
第二节　多酸化学的前沿 ……………………………………………… 6

第二章　高核化多酸化合物 ……………………………………………14
第一节　高核钨簇 ………………………………………………………14
第二节　高核钼簇 ………………………………………………………18
第三节　高核钒簇 ………………………………………………………26
第四节　高核铌簇 ………………………………………………………30

第三章　固体酸催化剂的表征……………………………………………31
第一节　指示剂法 ………………………………………………………32
第二节　氨程序升温脱附法 ……………………………………………34
第三节　碱性分子吸附量热法 …………………………………………37
第四节　红外光谱法（IR） ……………………………………………39

第四章　固体酸催化剂的性能和常见固体酸催化剂 ……………………42
第一节　酸和碱的定义 …………………………………………………42
第二节　固体酸 …………………………………………………………43
第三节　酸强度 …………………………………………………………45
第四节　羧酸 ……………………………………………………………48
第五节　沸石 ……………………………………………………………57
第六节　磷酸铝分子筛 …………………………………………………67

第七节　有序介孔材料 ……………………………………………………69
第八节　黏土（蒙脱土和滑石粉）……………………………………72

第五章　化学实验安全防护 ………………………………………………73
第一节　化学实验室安全通则 …………………………………………73
第二节　化学实验室安全防护基本常识与操作规范 …………………76
第三节　危险化学品分类与使用安全 …………………………………83
第四节　化学实验室水电与消防安全 …………………………………90
第五节　化学实验室安全应急设备及安全事故紧急处理 ……………97

第六章　化学的教学研究 ………………………………………………105
第一节　化学教学设计与教学方法 ……………………………………105
第二节　化学教学技能 …………………………………………………117
第三节　化学实验教学 …………………………………………………135

第七章　化学绿色原料应用及发展 ……………………………………137
第一节　绿色原料应用及发展 …………………………………………137
第二节　绿色催化剂应用及发展 ………………………………………143
第三节　绿色分析化学技术应用及发展 ………………………………152
第四节　绿色化学前景与展望 …………………………………………158

参考文献 …………………………………………………………………166

第一章　绪论

第一节　多酸化学的热点

多酸（即多金属氧酸盐，Polyoxometalates，简写为POMs或金属—氧簇，Metal–Oxogen Clustes）是一类多核配合物，从发现至今经历近200年的发展。进入21世纪后，多酸化学迎来另一个新的发展高峰期。构成多酸的前过渡金属离子通常处于d^0电子构型，典型的有Mo（Ⅵ）、W（Ⅵ）、V（Ⅴ）、Nb（Ⅴ）及Ta（Ⅴ）等，其中Mo和W是构成多酸的主要元素。

（1）近代的多酸合成化学有长足的进步，可控、分子设计的思想正在取得历史性的进展。

在多酸合成化学中，水热合成（包括溶剂热合成）具有独特的优点，常用于合成许多新的化合物。在水热条件下，原料的溶解度增加，一些不易溶解的原料和前体反应更好，有利于晶体生长和中长平衡时间物种的制备。但其缺点也逐渐显露出来。有些产品产量低，有时只生产少量产物，很难重复。其中一个原因是实验重复性较差，为文章的科学性埋下隐患。其次，所得产品大多极不易溶于水和有机溶剂，难以开发应用。例如，在药物应用上需要可溶性，如生物利用度高、产率高的多酸化合物。当然，多酸化合物的可溶性，在药物等领域具有重要作用。但无论怎样，可重复性在科研领域十分重要。

（2）任何学科的发展，都要有重大的、潜在的、长远的应用背景及为国民经济的发展提供科学支撑，这是多酸化学得以飞速发展的重要原因。

多酸化合物的数量多。一些聚酸在水和含氧有机溶剂中具有很强的溶解性，在催化、药物化学和重液体合成等方面发挥着重要作用，为物质的分离创造了条件。同时，聚苹果酸无毒、无味、不挥发、易分离，可用有机溶剂萃取。特别是，大多数经典的聚酸是纳米级的。聚苹果酸的颗粒均匀，不存在粒径分布。这是纳米研究中最好的理论模型。

多聚酸的纳米化是现代多聚酸发展的一个新的增长点，即具有各种形态、特殊尺寸和性能的无机化合物的设计和合成。它是现代材料、催化、医药等领域的研究热点。作为无机化合物的重要组成部分，多金属氧酸盐具有多种结构，包括孤立簇、无限一维链、二维层和三维骨架结构。其中，多金属氧酸盐可以利用独立的簇壳捕获不同尺寸的客体分子或离子，使多金属氧酸盐具有不同的形态。这个团簇可以看作是分子容器。

现已合成出既具有插层反应，又具有电磁性能的化合物。在这种结构中，有机配体首先和后过渡金属形成金属有机层或柱，再和前过渡金属氧簇的层键合，将层状结构固体的插入吸附性和与低维化合物的光电磁特性结合起来。

染料敏化太阳能电池（简称DS）由于原料价格便宜和制作成本低，受到广泛关注。目前使用最多的DS，能量转化率已经达到10%。已研究了数百种染料，其中酞菁染料被认为是一种可以替代多吡啶钌的染料，这种染料在近红外区显示出大的可调吸收能力。其热稳定性和化学稳定性良好，几个实验室已经制造出酞菁染料的DS。

王恩波课题组尝试将无机化合物多酸引入染料敏化太阳能电池中，这主要是考虑到多酸结构的多样性、稳定性、价格便宜、容易制备，特别是具有电子传输和存储能力及优异的光特性。通常多酸主要在紫外区200nm和260nm附近有吸收峰，但事实上某些多酸在可见区存在吸收峰，有望改进染料敏化太阳能电池。

吉林大学吴立新课题组在表面活性剂包埋多酸方面进行了研究，获得了一系列的纳米组装结构。表面活性剂/多酸超分子复合物在有机溶剂中能够自发聚集，形成囊泡状的聚集体。该聚集行为源于表面活性剂在多酸表面的重新组织化。通过超分子复合，不仅杂多酸组分结构得到保持，其功能性也可通过组装在获得的材料中得到实现，有机分子和杂多酸的组分协同性，有利于提高材料的功能性，杂多酸的超分子组装有利于实现其在软材料中的应用潜力。

大连理工大学段春迎课题组选择结构稳定，但电荷多变的Keggin结构杂多阴离子（如$[PW_{12}O_{40}]^{3-}$）为模板，选择4,4–联吡啶，通过与六配位的Co^{2+}作用，构建三维多孔框架结构，利用电荷平衡的原理，调节阴、阳离子的比例，形成大的亲水性空腔，构筑富含电荷的环境，稳定特殊物种，进而成功地捕获并稳定了一种大的质子化水簇$H^+(H_2O)_{27}$，它是第一个报道的在凝聚相中存在的质子化水簇。它含有一个由26个水分子形成的$(H_2O)_{26}$壳和一个H_3O^+离子作为客体包裹在$(H_2O)_{26}$壳中，形成一个格子水笼的结构，该结构对于模拟从气相到凝聚态转变过程中水—水作用的变化趋势具有重要意义。刘天波报道了在水溶液中轮型Mo_{154}氧化物簇自组装囊泡的工作，萨斯特里报道了Keggin离子作为紫外开关合成Au@Ag核壳纳米粒子。王恩波课题组与苏忠民课题组以12–钼磷酸为氧化试剂，在C–H–0体系中制备了一种温和的、绿色的软化学方法剪裁碳纳米管和制备氧化铁中空球，中国科学院福建物质结构研究所洪茂椿的多酸发蓝光的报道等都十分有意义。他们采用新的合成路线，在有机溶剂中加入含钒物种，得到了

$\{V_2^{IV}VO_{12}^{V}Cl\}^{5-}$ 金属氧簇合物。它是由 14 个 $\{VO_5\}$ 四方锥组成的，是一个开笼结构，有两个孔洞，形状为篮子，在空穴中氯离子可与其他阴离子发生交换作用。哈尔滨师范大学的周百斌与哈尔滨工业大学合作，在稀土的多元性及导电性方面也进行了研究。

多酸丰富的表面化学性质使其在催化、腐蚀保护、电化学中表现出优异特性。早在 1998 年，克伦佩勒和韦尔就在《化学评论》中预言，多酸化学必然要经历从固态和水溶液化学到表面化学的转变，诸多成果的涌现证实了这一预言，也成功地将多酸沉积到石英片表面带来了多酸应用发展史上的一次高峰，构筑多酸—有机聚电解质超薄膜的优秀成果大批出现，其中德国的库尔思课题组和东北师范大学的王恩波课题组、许林课题组，中科院福建物质结构研究所的曹荣，中科院化学所的姚建年及中科院长春应用化学研究所的董绍俊课题组等都取得一定成果。

王恩波课题组利用原位成核—生长的方法，首先可控合成了 TBA_3PMo_{12} 纳米粒子。聚电解质前体膜通过 LBL 自组装技术构筑，随后该前体膜用于 PMo_{12} 的吸附和沉淀，对纳米粒子的形成和生长进行了详细的表征。

福建物质结构研究所的曹荣在多金属氧酸盐及其有机—无机复合薄膜的制备、结构和性能研究方面做了很多的工作，他们报道了在薄膜中的 $[Fe(phendione)_3]^{2+}$(phendione 为 1,10– 菲咯啉 –5,6– 二酮) 和 $[Co(phendione)_3]^{2+}$ 在不同的 pH 下显示出不同的电化学行为，多层薄膜还对亚硝酸根离子和双氧水具有电催化活性，可望薄膜在电化学传感器上得到应用。$(BWW_{12}/[Fe(phendione)_3]^{2+})$ 薄膜在室温下显示出红光发射。

王恩波课题组和苏忠民课题组在多酸网络结构研究中有重要的工作成果发表。

陈佳琦和高爽对一系列钼取代钼磷杂多酸季铵盐催化的苯制苯酚的反应进行了研究。奚祖威等人在催化方面的工作发表在《科学》上。王恩波课题组与北京中国预防医学科学院的曾毅、李泽琳合作，从 1992 年至今，采用多酸药物抗艾滋病的研究与开发受国家 1035 工程新药、教育部重大项目、国家自然科学基金生命科学部重点项目、国家 863 项目、吉林省科技厅两次重点项目等资助。多酸药物对恒河猴艾滋病毒的抑制率高达 97%，且毒性低，药物价格低廉，有望进入临床研究。此外，王恩波课题组还在抗流感病毒、抗 SARS 病毒、抗肿瘤药物的制备及药物释放等方面都有工作报道。

（3）多酸的绿色化学与孔材料及缠结化的研究成为近代多酸化学的前沿与热点。

近代多酸化学的另一个备受瞩目的热点是以多酸多维、多孔及缠结结构网络化为主的类分子筛制备，及其储氢和捕获 CO_2 等与能源和温室效应相关的研究与开发。

金属—有机骨架化合物和沸石骨架结构材料是近代化学研究的热点。前者在分子识别、气体吸附，特别是与能源相关的氢吸附、选择性催化、磁性材料、芯片开发、光电及半导体材料等方面都有重要的应用前景。而沸石骨架结构材料可以存储气体分子，在化学结构上，能够让大小合适的分子进入并将其存储，展现出类沸石型拓扑结构。沸石骨架结构材料在室温下可从不同的气体中选择性捕获 CO_2 气体，对改善大气中 CO_2 的含量有积极意义。

北川敏男等人对于研究微孔材料的小分子吸附（如甲烷和氧气）进行了开拓性研究。可以利用互穿结构通过捕获加强气体分子和骨架之间的作用力，这样，氢气分子可以和骨架中的几个芳环正面接触，从而提高气体的存储能力。氢气吸附能力和纯单壁碳纳米管相当。有关氢气吸附性质的研究，从一个侧面阐述关于大的比表面积和大孔体积并不一定优秀的储氢材料。高互穿为新型储氢材料开发了一个新的思路，即利用互穿结构增加氢气分子和骨架内芳环的接触面积。这类似碳纳米管中三桥氧的连接点，这样的连接点具有较高的键能，这也是开发实用型储氢材料的关键问题。林文斌报道了具有氢吸附性质的高互穿金属—有机网络。

福建物质结构研究所卢灿忠合成的稀土多酸化合物 $[Gd(H_2O)_3]_3[GdMo_{12}O_{42}] \cdot 3H_2O$ 是稀土多酸化学中的经典化合物之一，意义重大，这是首次通过 $Gd(H_2O)_3^{3+}$ 连接形成的具有 3D 微孔化合物。此外，还报道了在高核冠状铝族、高核碗状簇等。

制备孔结构材料有三个重要问题，一是稳定性；二是高的比表面积；三是具有灵活的和动力学控制的骨架结构。特别是那些具有可逆转换的结构或对外界刺激能够产生适当反应的结构，可用于传感器等。

一些含有混合组分的互穿开放框架结构化合物已得到广泛研究。一些非互穿的结构，如不同的钼氧链状结构与铜有机网状结构相互连接构成的化合物也有报道。

已经找到了一个可将两种不同的过渡金属设计和合成非互穿结构化合物的方法。由于两种不同的过渡金属各自的配位模式，会生成非互穿的开放框架结构，其中有些工作是选择铜—卤化合物。选择铜—卤化合物的原因是铜—卤化合物具有结构的多样性、高电荷性以及发光性。目前，已报道的铜—卤化合物达 1000 多种，王恩波课题组将铜—卤化合物与多酸结合，成功地构筑成新型化合物。

将多酸建筑块作为客体引入金属有机骨架中，不仅可以用于合成具有孔道的化合物，同时可用于水溶液中离子的结构识别。设计和合成 MOFs 为主体，纳米尺寸的、具有单质子化核的、水簇为客体的化合物仍具挑战。水簇在许多生物和化学体系中都十分重要，在水簇中有强的氢键作用，这将导致许多特殊性质出现。

三维多孔的无机材料，由于具有多孔结构和巨大的表面积（内表面和外表面），使其催化和吸附等能力显著增强，在吸附剂、非均相催化剂、各类载体和离子交换剂等领域有广泛的应用前景，类分子筛的研究方兴未艾。同样，在多金属氧酸盐合成领域，人们一直希望得到基于多酸的新型三维孔材料。小西等报道了由 Keggin 型多阴离子与杯芳烃—钠的复合物自组装形成的孔状化合物。

近年来，中国科学院福建物构所的杨国昱课题组报道了在水热条件下，采用取代的多金属氧酸盐 $\{Ni_6PW_9\}$ 作为建筑块与刚性的羧酸盐连接生成 POMOF（多酸—有机骨架化合物）。由于羧酸盐的不同，可分别生成一维、二维、三维的 POMOF 化合物。他们还对过渡金属氧簇、稀土氧簇及主族元素氧簇，分别采用了 3 种不同的合成策略：缺位位点的“结构导向”策略、“协同配位”策略和“簇单元构建”策略。这三种策略都可以归结为“结构导向”作用，也就是由“缺位位点的诱导”到“配体的诱导”，再到“簇单元的诱导”，进而构建相应的一系列新型化合物。他们认为，包含高核过渡金属簇的多阴离子有很好的磁特性及多样的拓扑性质，因而在合成此类多阴离子时，POMs 前驱体和过渡金属阳离子的物质的量比十分重要。当然，不同的过渡金属阳离子、反应温度及有机胺种类等都影响整个化合物的组成和结构。采用水热法成功合成了系列新颖的高核 (Ni_7、Cu_8、Fe_{13} 等）POMs 化合物，研究思路和合成策略都具有创新性，丰富了多酸化学的内容。

可汗以钒氧簇多阴离子 $[V_{18}O_{42}]$ 为基本建筑单元，成功地合成了从一维、二维到三维骨架的化合物。例如，以 $\{V_{18}O_{42}(VO_4)\}$ 为基本建筑块通过端氧与 [Zn(en)z]（en 为乙二胺）桥联形成二维层状结构，通过与 $[Fe(H_2O)_4]$ 连结形成三维骨架化合物 $[M_3V_{18}O_{42}(H_2O)_{12}(XO_4)]\cdot 24H_2O$(M=Fe，Co；X=V，S）。

胡长文课题组报道了 $\{[Ln(H_2O)_4(pdc)]_4\}[XMo_{12}O_{40}]\cdot 2H_2O$（Ln=La，Ce，Nd；X=Si 和 Ge），这是以多酸为模板的带有孔道的铜系—有机阳离子框架结构化合物。黄等报道了三个新的多酸盐 $X_7[PMo_8O_{30}]$（$X=Na^+$，H^+，NH_4^+）。

王恩波课题组于 2018 年报道了一个以两个 Keggin 型杂多阴离子作为模板剂构筑的无机—有机化合物，除了引入两个多酸球作为客体外，这个结构的主体骨架是由 $\{Mn(Bipy)(py)(H_2O)_2\}$ 和 $\{Mo_{12}O_{34}(Bipy)_{12}\}$ 亚单元共同构筑的。保罗·克诺特等人研究了有机锡与多酸盐反应。四价锡原子能够进入 Keggin 或 Dawson 结构，Sn—C 键有很好的水解和氧化还原性。吴新涛等人创造性地合成了多孔的金属—有机 / 类多酸框架结构及 W—Cu—S，Mo—Cu—S，Mo—Ag—SmO/W—s 团簇。

苏忠民和刘术侠课题组在《美国化学会志》上报道了由两种明星分子，即多酸和 MOF 结构通过水热合成得到 6 个 POMs-MOFs 高稳定性晶体催化剂：$[Cu_2(BTC)_{4/3}(H_2O)_2]_6[POM]\cdot(C_4H_{12}N)_2\cdot xH_2O$，POM（多酸）和 $[HAsMo_{12}O_{40}]^{2-}$。该类晶体催化剂具有二类孔 A 和 B，用于催化的窗口是 11Å×9.3Å（1Å=0.1nm），孔 A 中包裹着的 Keggin 阴离子呈八面体构型，孔 B 也是八面体构型，但 Cu 的配位水分子方向指向孔内，导致 Keggin 型多酸不能进入，孔 A 和孔 B 交替存在。他们进行了 5 种酯的水解反应，该晶体催化剂稳定，可在空气中存放数月，催化效果很好。刘术侠课题组在钒酸盐等孔状化合物及吸附和药物化学方面都有创新性工作。韩国的权利用 Al_{13} 和 Mo_7 簇间离子键相互作用，合成了三维 $[AlO_4Al_{12}(H_2O)_{24}(H_2O)_{12}][Al(OH)_6Mo_6O_{18}]_2(OH)\cdot 29.5H_2O$ 化合物。小西采用 Keggin 结构的 $PW_{12}O_{40}^{3-}$ 与两种杯芳烃反应，形成了两种 3D 孔状结构物质。陈亚光等人在六缺位的钙磷杂多酸盐与三价铁离子的配位化学及多酸核磁共振光谱中的研究方面取得一定成果。毕丽华在多维和夹心型化合物方面有重要工作报道。此外，由万胜等人近期在铝氧化物基无机—有机异质阳离子骨架中引入四面体结构的 $[VO_4]$ 连接基团，成功合成了新型的共价键连接的铝氧化物基无机—有机异质阳离子三维开放骨架，其孔径大小为 18.1Å×12.1Å，多阴离子分布其中。由万胜等人还成功合成了 $\{Ag_3\}^{3+}/\{Ag_4\}^{4+}$ 簇多酸盐化合物：$[\{Ag_3(bipy)_4\}(PM_{12}O_{40})]\cdot 2H_2O$，$[\{Ag(bipy)\}_2\{Ag_4(bipy)_6\}(PMo_{11}VO_{40})]\cdot[\{Ag(bipy)\}_2(PMo_{11}VO_{40})]$ 表现出极好的多齿配体形式，且指明存在 Ag—Ag 相互作用。吉林大学的徐吉庆等人报道了一系列多钒氧酸盐簇，包括 2D 的扩展化合物：$[\{Co(en)_2\}_2Sb_8V_{14}O_{42}(H_2O)]\cdot 6H_2O$ 及 3D 化合物 $[Ni(en)_3(V_{16}O_{38}Cl)LNi(en)_2]\cdot 8.5H_2O$。王秀丽制得具有纳米管状孔道八连接的 3D 化合物，多酸作为模板填在孔道中。

王恩波课题组采用离子液体首次成功合成了两个多酸化合物 $(C_6H_{11}N_{24})[W_{10}O_{32}]$ 和 $(C_6H_{11}N_{24})[W_6O_{11}](BF_4)_2$，为多酸的绿色合成开辟了一条新路。

第二节　多酸化学的前沿

1. 多酸的手性、螺旋与仿生化研究

目前，已经发展了三种主要的策略用于合成手性的多金属氧酸盐物种。

第一种策略是直接将非手性的多金属氧酸盐簇和手性的有机配体连接起来，合成手性多酸化合物，波普、亚马斯和库尔茨等人在这方面进行了开拓性的研究。王恩波课题组与苏忠民课题组以非手性 Keggin 阴离子 $[BW_{12}O_{40}]^{5-}$ 为建筑单元，通过 Cu 和手性配体脯氨酸，得到了第一例以多金属氧酸盐为建筑块的具有

螺旋隧道 3D 开放骨架结构的 $KH_2[(D-C_5H_8NO_2)(H_2O)Cu_3]EBW_{12}O_{40} \cdot H_2O$（D–1），$KH_2[L(L-C_5H_8NO_2)(H_2O)Cu_3]CBW_{12}O_{40} \cdot H_2O$（L–1）。其中，每个 Keggin 离子作为二齿配体与邻近的聚合物链形成 3D 开放骨架，且每个隧道由两条相互缠绕的同手性链构成。

第二种策略是以手性的多酸阴离子簇与非手性金属或有机配体作用，合成新结构的手性多金属氧酸盐化合物。王恩波课题组与苏忠民课题组以 Waugh 型阴离子 $[MnMo_9O_{32}]^{5-}$ 为建筑单元，通过金属锌离子的桥联作用，得到了第一例以手性多金属氧酸盐为建筑块的具有二重互穿结构的 3D 开放骨架结构化合物。

第三种策略是用一些非手性多酸化合物，从简单分子出发，自发地组装成手性结构，即多酸和配体都不是手性的。如库尔茨通过有机锡基团修饰的官能化多阴离子，形成了一个手性的四聚钨砷酸盐化合物 $K_7(NH_4)_{14}[Sn(CH_3)_2(H_2O)_2As_3(a-AsW_9O_{33})_4] \cdot 6H_2O$。由于 4 价 Sn 原子的半径可以很好地进入以 Keggin 或 Dawson 结构为基本建筑单元构造的多金属钨酸盐空隙之中，这一类新型的多阴离子具有生理学上的 pH 稳定性，使其在医药领域有广泛的应用前景。

利用 Sn—O—W 中氧的高亲核活性和低环化能，促使已经功能化了的多金属氧酸盐进一步环化，并使原本非手性的多金属氧酸盐环化之后失去对称性而变成手性化合物。因而就可以事先合成一些非手性的有机金属取代的多金属氧酸盐，其中选用的有机分子必须是柔性的，能弯曲成五、六元环。这样的多金属氧酸盐在环化之后就会形成没有对称因素的手性化合物，从而开辟了一条合成手性化合物的新路线。

王恩波课题组以非手性的配体乙二胺和非手性的多酸 $CuSiW_{11}O_{39}$ 合成了手性的一维链状多酸化合物。2016 年，苏忠民课题组、王恩波课题组在没有手性辅助的条件下，用非手性配体 bbi，$[V_{10}O_{26}]^{4-}$ 以及混价的金属 Cu 构筑了两个旋光纯的三维手性多酸基化合物。王恩波课题组报道了具有旋光活性的对映异构体 $\{Fe_{28}\}$ 轮状化合物。

2. **高核多酸化合物**

高核金属氧簇的研究是近年来多酸化学领域的热点之一。德国的穆勒在高核钼簇的研究领域取得显著成就。他研究了模拟生物分子通道，小型 Mo/W 簇与蛋白质的作用和人造细胞。这种特别的胶囊球型钼簇由于具有类似细胞阳离子通道，有 2nm 左右的空腔，并且钼簇某些位置的端氧具有优异的配位能力，因此在生物学、药物化学、催化化学领域都产生了重要意义。利用“合成生物学”技术可以合成非天然的氨基酸，进而合成包含非天然氨基酸的多肽、蛋白质等。班代拉在此领域已合成出手性双螺旋结构化合物 $[Me_2NH]K_4Eu_{10}O_{10}(H_2O)_2(OH)_4(PO_4)_7] \cdot$

$4H_2O$，表明在生命创生期的地球上，在高温、高压下，DNA 结构是最稳定的高级结构。自从 20 世纪 50 年代 DNA 双螺旋结构被阐明以来，人们对生物体系中的自组织和自组装现象有了更深刻的认识。许多生物大分子，如 DNA、病毒分子和酶等都是通过自组装过程形成高度组织化、信息化和功能化的复杂结构。例如，一些病毒分子是通过自组装形成高度有序对称的球囊，直径范围在一至几百纳米之间。这与巨型球状或轮状化合物的组装方式相似，在合成生物学上极具研究价值。

亚马斯课题组将手性的赖氨酸分子通过羧基的氧原子直接键连到八铝酸盐上，得到很高活性的手性化合物。2018 年，德国穆勒合成的具有血红蛋白尺寸、直径大约为 6nm、在多酸高核领域被称为“人造细胞的多酸高核簇”的 Mo_{368} 高核簇，具有重大意义。

根据形状可以把钼簇分成两种结构类型：一种是环型或轮型结构，如 $\{Mo_{154}\}$、$\{Mo_{176}\}$、$\{Mo_{128}Eu_4\}$；另一种是中空的球型结构，如 $\{Mo_{132}\}$、$\{Mo_{72}V_{30}\}$、$\{Mo_{72}Fe_{30}\}$。近年来，人们在这两种高对称性、封闭结构配位自组装体方面取得了巨大进展。

穆勒课题组首次报道了 $\{(W)W_5\}_{12}\{Mo_2\}_{30}$（$\{W_{72}\}Mo_{60}$）球簇结构，它是由 30 个具有金属—金属键的 $\{Mo_2^{V}O_4(acetate)\}^+$ 连接 12 个 $\{(W)W_5O_{21}(H_2O)_6\}_6(\{(W)W_5\})$ 建筑单元构成的。这是继高核钼簇的大量报道后的第一例高核球簇被报道，意义重大。

Dawson 结构的硫代多金属氧酸盐大环超分子 $[\alpha\text{-}H_2P_2W_{15}O_{50}]_4\{Mo_2O_2S_2(H_2O)_2\}_4\{Mo_4S_4O_4(OH)_2(H_2O)\}_2^{28-}$，直径约为 30Å，它是由具有建筑块作用的 $(Mo_2O_2S_2)^{2+}$ 和三缺位的 $\alpha\text{-}[P_2W_{15}O_{36}]^{12-}$ 相连而成的，是首例由钼硫阳离子建筑块构筑的纳米级簇化合物。

在多金属氧酸盐体系中，引入各种顺磁金属阳离子（如 Fe^{3+}、Co^{2+}、Ni^{2+}、Cu^{2+}）稀土阳离子得到具有磁功能特性的多酸化合物或单分子磁体（SMMs），是多酸研究中一个令人感兴趣的内容。实际上，缺位的多金属氧酸盐，尤其是三缺位的 Keggin 型或 Wells—Dawson 型多钨氧酸盐，已经作为多阴离子母体用于制备磁性簇。新的 SMMs 能从大尺寸和复杂的多金属氧酸盐，尤其从具有高负电荷的多金属氧酸盐反应制得。克罗宁等人得到了一个含有 20 个铜原子的轮型结构的钨磷酸盐 $[Cu_{20}Cl(OH)_{24}(H_2O)_{12}(P_8W_{48}O_{184})]^{25-}$。

对于高核钒氧簇来说，其重要的特征是存在着多种类型的 $\{VO_4\}$、$\{VO_5\}$ 和 $\{V0_6\}$ 等多面体建筑单元，并在自组装过程中形成笼型结构。此外，无机酸根离子、有机小分子以及较小的金属氧簇片段也极易成为构筑高核钒氧簇的模板，在形成笼型“主体”单元时作为“客体”被封入笼内，并能影响笼型的几何构型。

杨国昱等人在水热条件下合成的 Ln_{36} 轮型化合物，该簇连接到一起组成了一个二维层状化合物，进一步通过 CuX 化合物连接成三维结构。

河南大学的牛景扬课题组在以 $[Nb_7O_{22}]^{9-}$ 为基本单元构筑的铌酸盐大簇方面有创新性进展。童明良等人报道了异核大金属簇 $Cu_{17}Mn_{28}$。索科洛夫研究出两个多金属氧酸盐 $[Re_2(PW_{11}O_{39})_2]^{8-}$ 等的新奇连接方式——通过金属—金属多重键键连。由于 Mo_{132} 具有纳米尺寸，因此研究其与金属阳离子或有机金属阳离子基团的配合情况在生物膜传输方面、人造细胞和分子开关领域有重要的意义。金属阳离子（如 Ca^{2+}、Li^{+}）可以自由进入 $\{Mo_{132}\}$ 球型胶囊内部，而 $[Al(H_2O)_6]^{3+}$ 却在胶囊的外部，这是由于 Al^{3+} 具有较强与水配位的能力导致这种水合金属离子难以进入胶囊，为此又开辟了一个关于生物通道传输的新领域。

此外，高核过渡金属簇的合成也具有重要意义，这类簇合物在电学、磁学、纳米胶囊、催化、单分子磁体等领域具有潜在的应用前景。其合成策略主要是利用多功能化的有机配体。此外，以低聚合度的簇作为前驱体进行进一步组装是构筑高聚过渡金属簇的有效途径。克罗宁等人利用模板和多功能化的配体来修饰 Ni_4O_4，Co_4O_4 等建筑块，从而形成高核 $\{Ni_{12}\}$ 和 $\{Co_{12}\}$ 金属簇。这种簇由 3 个 M_4O_4 立方单元围绕一个中心模板碳酸阴离子对称排列而成。

3. 多酸的量子化学计算与有机亚胺衍生化及 C—H 键的活化

多酸的量子化学计算方面的研究工作近年有长足发展，它对揭示结构与性能的关系、预见新结构等十分重要。东北师范大学的苏忠民课题组在这方面取得显著成果。采用 DFT 方法，深入研究了二钛取代钨磷化合物同分异构体的稳定性核心。对 $[Ti_{12}Nb_6O_{44}]^{10-}$ 的电子性质采用 DFT 方法进行了研究，通过对 $[PW_{11}O_{39}(ReN)]^{n-}$ 和 $[PW_{11}O_{39}(O_5N)]^{2-}$ 的氧化还原及电子性质的研究，得出其原子主要修饰它们的最低空轨道。同时还采用 DFT 方法研究了双取代六钼酸盐衍生物的直角型和直线型结构及有机胺中的 N 原子与 Mo 原子间的成键作用。

由于 Lindquist 结构的六钼酸盐的 6 个端氧原子的活性高，所以大多数的酰亚胺化反应集中在这个多酸体系上。魏永革和彭中华在合成多聚酸的有机亚胺衍生物时，发现多聚酸能促进 C—H（sp^3）的活化和功能化，并推测了该反应的可能机理。魏永革等人发现的钼酸根可以同时活化脂肪胺分子中的 N 原子和相邻的两个伯碳键，同时通过双重脱氢偶联，直接形成 C═C 双键，为 C—H 活化与 C═C 双键构筑提供了范例，具有创新性。

4. 多酸纳米材料和纳米功能化

以多酸为基础的纳米粒子发展与材料密切相关，众所周知的 Keggin 型 12-

钙磷酸等本身就是纳米级尺寸的。此外，多酸的粒子均不存在粒径分布问题，因此多酸是一类纳米研究好的理论模型。

（1）结合经典的纳米合成方法，将多酸作为功能单元构筑到纳米结构中。

①层接层自组装法。

层接层自组装法是一种由带相反电荷的聚电解质在液/固界面通过静电作用交替沉积，层接层形成多层膜的技术。利用层接层技术，无论是将具有功能特性的无机建筑单元或有机嵌入多层膜和微胶囊中，还是在合成的聚电解质膜前原位形成纳米材料，以及将各种组分沉积到各种纳米结构基片上，都为多酸化学的发展开创了一个可观的前景。

目前，合成的多电解质、胶体颗粒、蛋白质、DNA、纳米粒子、无机薄层、碳纳米管、有机染料小分子、树枝状聚合物、天然糖、多聚酸等已成功地组装成多层体系。

自组装超薄膜的研究引起了不同领域科学家的普遍关注，这与它在科学研究和实际应用中的重要地位密不可分。随着电子器件小型化程度的不断提高，自组装超薄膜将在微电子器件的制备中发挥重要作用。同时，由于多层结构允许不同种类和不同功能的材料按一定的需要进行有序组装，因此必然赋予多层结构的新功能。这种新功能来自具有不同功能的物质的特定组合，任何单一物质都不能获得这种功能。

②室温固相反应法。

室温固相反应是制备多元酸纳米颗粒的独特方法。王恩波研究小组探索了室温下多元酸纳米颗粒的固态合成，如多元酸季铁盐、银盐和钼盐，并系统地研究了多元酸纳米颗粒的电化学性质。

新疆大学贾殿增研究小组将这种新颖简单的室温固相反应应用于多酸氨基酸纳米管的合成。作为一种简单的纳米材料合成方法，室温固相反应法可能开辟了一种合成管状结构有机—无机杂化材料的新方法。此外，浙江大学吴庆银等报道了杂多酸与无机纳米粒子的复合物对有色污染物的光催化降解作用。

③软化学合成方法。

采用水辅助表面活性剂智能控制的软化学方法，探索了低维多金属氧酸盐纳米晶的制备方法及其尺寸和形貌的控制。表面活性剂具有良好的表面活性，如微乳液化、分散、润湿和增容。表面活性剂分子可以在溶液中自发形成胶束、液晶和囊泡。“刚柔结合”的独特特点，使纳米材料的尺寸和形状可控。通过调整表面活性剂的浓度和类型，可以进行不同尺寸和聚集形状的自组装，完成低维纳米材料的形状控制和组装。在液相中，水和表面活性剂形成自组装结构，反应试剂与聚电解质的配位作用合成了聚酸纳米粒子。聚合物的自组装结构和反应试剂与聚电解质的配位关系决定了产物的形态。可见，水辅助智能控制表面活性剂的化学制备是一种非常理想的纳米材料合成方式。

马亚恩等人利用经典的胶束作为模板得到了高催化活性的簇状多酸组装体。董绍俊还利用 $\{Mo_{154}\}$ 和多酸分子簇，单层吸附在双亲性二十二烷基二甲分子自组装形成的囊泡上，制得了复杂的囊泡状纳米复合物。

④基于吸附及包裹等策略的合成方法。

格林等人以 SiO_2 胶球为包裹试剂，在其内部掺杂具有功能特性的物质，保护了具有荧光性质的多酸，分散于聚左旋赖氨酸水溶液中的 Eu–{SiMoW} 多酸盐的发光量子效率为 60%，而其母体固态量子效率为 50%。由于碳纳米管独特的电性质和优异的氧化还原性质，以及多酸的高质子传导性，使得多酸修饰的碳纳米管电极与未修饰的相比，获得了 1.4 倍的电流密度，1.5 倍的催化活性和更高的循环稳定性，这些结果表明多酸修饰的碳纳米管作为一种新的催化剂载体可能在甲醇燃料电池中具有良好的应用前景。

⑤表面活性剂包埋多酸复合物自组装法。

吴立新和库尔思等课题组的工作涉及表面活性剂包埋多酸复合物自组装法。吴立新利用阳离子表面活性剂二甲基二十八烷胺与阴离子 $[Eu(H_2O)_2SiW_{11}HO_{39}]^{5-}$ 形成超分子复合物，获得了一系列的纳米组装结构，包括在潮湿的气流环境中自组装成 $(DODA)_4HCEu(H_2O)_2SiW_{11}O_{39}$、（SEC–1）蜂窝状的薄膜，以及在后来的工作中通过控制溶剂极性获得稳定的 $(DODA)_4SiW_{12}O_{40}$ 洋葱状球型组装体。

⑥基于多金属氧簇水溶液中自组装。

刘天波等人报道了水溶液中轮型 Mo_{154} 氧化物簇自组装成囊泡的工作。表面活性剂和膜脂质能稳定地组装成复杂结构，如胶束、脂质体或中空囊泡，这是由于其具有两性分子特征，即囊泡结构的一部分受极性环境吸引，而另一部分则受非极性环境影响。多酸化学中也可以发生复杂结构的自组装。例如，已知数个钼蓝溶液，尽管在以前人们就意识到这些溶液中存在纳米尺寸的金属氧化物聚集体，但揭开这些聚集体的组成和形成过程仍然很困难。2017 年经研究得出分立的轮型混合价 $\{Mo_{154}\}$ 多酸簇可组装成良好限定的纳米尺寸聚集体，包含球型结构。通过光散射数据和透射电镜图，证实了中空球型结构存在于溶液中，大约由 1165 个 $\{Mo_{154}\}$ 轮型簇组成的结论。与传统的脂质囊泡不同，多酸及囊泡的形成归功于短程范德瓦耳斯力和长程静电排斥力的相互作用，而被封入轮型簇之间和囊泡内部的水分子间氢键作用产生了进一步的稳定作用。此外，北京化工大学的周云山等在多酸胶囊的研究方面有创新性工作。

（2）多酸辅助合成其他纳米材料。

在材料合成领域，多金属氧酸盐在纳米材料形貌的可控合成中扮演越来越重要的角色。得益于它们在纳米粒子表面的吸附、氧化还原能力、优异的电子性质、酸性等。王恩波等人成功地制得了贵金属核壳纳米粒子、半导体、碳、硅以及铁氧化物等各种纳米结构材料。

①贵金属纳米材料的合成。

双金属纳米粒子，包括合金和核壳结构，有独特的光、电和催化性质，在DNA编排中也有重要的应用。其中合金纳米粒子可以通过同时还原两种或者多种金属离子混合溶液来制备。萨斯特里等人首先报道了Keggin离子作为紫外开关合成Au@Ag核壳纳米粒子。此外，萨斯特里课题组在多酸辅助合成纳米材料方面还做出了一系列创新性的工作。如Au@Pd和Au@Pt核壳纳米粒子的合成，金纳米片的合成，以Keggin离子胶粒为模板合成及组装CdS纳米粒子，金纳米粒子在赖氨酸—Keggin离子胶粒表面的自组装等。

②多酸辅助下碳、硅纳米材料的合成。

加里格等人从活性炭出发，通过对多酸溶液进行超声处理，借助自上而下的方法制备得到了均匀的碳胶球。王恩波课题组以活性炭作为起始原料，将杂多酸引入水热体系，实现了碳纳米管、碳纳米带、碳纳米粒子的可控合成以及碳纳米管的裁切。尽管多酸辅助化学的基本机理还不是很清楚，但可以肯定的是，体系的强酸性、强氧化性以及C—H—O体系的复杂化学反应一定是非常重要的因素。

康振辉、李述汤等在多酸、过氧化氢和氢氟酸的水溶液中电化学刻蚀硅片，通过控制电流密度成功地制得了尺寸分布很窄的硅量子点。进一步改变实验条件可以制得硅纳米线以及在硅表面原位获得硅的有序微米/纳米复合结构。

③多酸辅助下氧化物纳米材料的合成。

王恩波课题组通过在水热条件下多酸辅助的强制水解方法成功制备了均匀的氧化铁中空球，并将该方法进一步用于制备β-FeOOH多孔纳米棒。实验结果表明$PW_{12}O_{40}^{3-}$对于中空或多孔结构的形成起到了至关重要的作用。形成过程可被归结为一个通过限域的熟化作用实现的多酸辅助的水解沉积—溶解过程。

王恩波课题组还将多酸引入氧化锌材料的合成，借助溶剂热方法一步成功地合成了氧化锌微球。通过改变多酸的浓度和反应时间探究了制备氧化锌微球的实验参数，实验结果表明多酸对微球结构的形成起到了至关重要的作用。氧化锌微球的形成可归结为多酸辅助的自组装过程。

④还原酸化缩合法。

由穆勒和保罗所倡导的多金属氧酸盐纳米结构分子材料合成的基本思路是以

不同方式将基本的建筑块和它们的衍生物连接起来，从而合成具有纳米尺寸的多阴离子。这种含有 MO_x 类型建筑单元的阴离子型物种具有特别的重要性，因此生成具有纳米尺寸且功能可调控的分子材料（如分子磁体等）。

魏永革等人采用不同种类的还原剂，分级酸化制备多酸纳米簇，合成了 $Mo_{72}Fe_{30}$ 多酸纳米球簇，并实现了 $\{Mo_{36}(NO)_4\}$ 一维组装。此外，还采用还原酸化法合成了外径达 4nm 的轮胎状 $\{Mo_{176}\}$ 纳米簇。王恩波课题组合成出有机官能化的钼纳米簇和 $Mo_{72}Fe_{30}$ 纳米簇。当然，众所周知，德国的穆勒在这一研究领域处于国际领先地位，他们成功地合成了一系列极有创新价值的多酸纳米簇。

第二章 高核化多酸化合物

第一节 高核钨簇

一、合成高核簇的影响因素

(一) pH

通常，多钨酸盐化合物对 pH 的变化非常敏感，其中许多化合物仅在狭窄的 pH 范围内稳定，因此在合成中需要通过各种方法（如采用缓冲溶液，用 pH 计监控反应的 pH 等）严格控制溶液的 pH。

(二) 反应温度和反应时间

另一个值得注意的问题是，一些酸盐的物种平衡的建立比较缓慢，在室温下，平衡的建立有的需要几个星期甚至更长时间，因此需要选择适宜的反应温度和时间来控制反应速度。

(三) 桥联片段

为了使各种缺位的多钨酸盐片段进一步有效连接，需要在反应中生成新的 $\{WO_x\}_n$ 桥联片段或者引入合适的“连接剂”，如稀土离子、过渡金属离子、有机配体等。当然，这些桥联片段的产生和引入，可能会引起它们跟多钨酸盐反应生成沉淀。因此，在这些反应体系中，还要采取各种方法控制多钨酸盐建筑块同桥联单元的反应，使得自组装反应有序发生，并最终生成高核簇。其中被认为最有效的办法是在反应体系中加入低价态的过渡金属离子。

二、借助 $\{WO_x\}_n$ 桥联片段构筑的高核钨簇

在各种由缺位的多钨酸盐建筑块和 $\{WO_x\}$ 片段连接构筑的高核簇中，$\{WO_x\}$ 单元可以通过直接引入或者通过改变多酸建筑块稳定的 pH 范围，使其部分降解、分解得到。

$\{WO_x\}$ 桥联片段还可以通过向缺位多酸的反应体系中直接引入 $[WO_4]^{2-}$ 离子的方式来实现。王恩波课题组利用这种方法，即向 $[\alpha\text{-}PW_9O_{34}]^{9-}$ 的水溶液中引入 $Na_2WO_4 \cdot 2H_2O$，再将反应体系的 pH 调至 2 左右，得到一种新型的高核钨磷酸盐 $[P_4W_{44}O_{152}]^{20-}$。在这个多阴离子结构中，2 个 $\alpha\text{-}[PW_{11}O_{39}]$ 建筑块和 2 个 $\alpha\text{-}[PW_9O_{34}]$ 建筑块通过 2 个 $[W_2O_3]$ 桥联片段共角连接形成了新型的穴状多阴离子簇。这个

化合物是继环状的多阴离子 $[P_8W_{48}O_{184}]^{40-}$ 之后发现的又一高核钨磷酸盐簇。其穴状的结构特征有望成为研究离子识别的新型“主体”材料，并可能成为构筑高核过渡金属簇的又一个候选“无机配体”。

此外，新型的高核钨簇还可以通过向反应体系中引入两种或两种以上的缺位多酸片段制备得到。王恩波课题组采用 α–$[SiW_{11}O_{39}]^{8-}$ 和 A–β–$[SiW_9O_{34}H]^{9-}$ 两种缺位多阴离子在 pH 约为 9 和 7 的不同反应体系中分别得到两种结构迥异的新型多核钨硅酸盐 $[Si_3W_{26}O_{94}(H_2O)_2]^{20-}$ 和 $[Si_2W_{19}O_{69}(H_2O)]^{16-}$。其中 $[Si_3W_{26}O_{94}(H_2O)_2]^{20-}$ 具有月牙形的结构特征，它是由 2 个 B–α–$[SiW_9O_{34}]$ 和 1 个 B–α–$[SiW_6O_{26}]$ 建筑块通过 2 个具有三重无序的 W 中心相连形成的。而 $[Si_2W_{19}O_{69}(H_2O)]^{16-}$ 多阴离子则具有一种双缺位的夹心型多酸结构特征，缺位的位置被反荷离子 Na^+ 所占据。

三、借助稀土离子、过渡金属离子或金属有机片段构筑的高核钨簇

（一）稀土离子桥联片段

稀土离子具有较高的配位数和很强的亲氧能力，是一种较为适宜的连接单元，常用以桥联多酸缺位片段和构筑大尺寸的金属氧簇。但是缺位片段的选择在合成高核钨簇中是很关键的，如果使用单缺位的多钨酸盐，如 $[XW_{11}O_{39}]$ 或 $[X_2W_{17}O_{61}]$，由于其缺位位置较少，极易使缺位单元通过一个稀土离子连接成二聚结构，而过量的稀土离子还会使多阴离子连接成一维链状或更高的维度。因此，在选择由稀土离子为桥联单元构筑高核钨簇的过程中，可采用多缺位的多酸建筑单元，增加稀土离子的配位位置，以使更多的建筑块连接到一起形成高核钨簇。

此外，由于多酸具有富氧“表面”，而稀土离子又具有很强的亲氧能力，导致二者直接接触的反应体系大多数因为反应过快而产生沉淀，难以得到晶体。因此，目前一个非常有效的合成策略是使用适当的配体（大多为有机配体），先与稀土离子作用，降低稀土离子与多酸的反应活性，进而有效地控制反应速率，防止反应过快，并促进高核簇的生成。此外，控制反应体系的 pH 或使用缓冲溶液也是控制反应过程的关键步骤。

在这一研究领域，目前最大的一个多核钨簇是 1997 年保罗教授等人报道的 $[Ln_{16}As_{12}W_{148}O_{524}(H_2O)_{36}]^{76-}$。尽管该化合物是由简单的起始原料 As_2O_3，$Na_2WO_4 \cdot 2H_2O$ 和 $CeCl_3$ 在酸性水溶液中合成得到的，但是从其结构中仍然可以拆分出 $[W_5O_{18}]$ 和 $[AsW_9O_{33}]$ 两种缺位多酸建筑块，它们通过稀土离子连接构成环状的高核钨簇。这一大簇的报道极大地激发了学者们探索合成新型高核钨簇的研究兴趣。

近年来，人们在利用稀土离子构筑高核钨簇的同时，也开始考虑将缺位的多酸看作无机的多齿含氧配体，试图将更多的稀土离子聚集到一起，形成高核的稀土簇。这样，有可能开发出更多新型的稀土功能型化合物。美国的伊尔课题组报道了一个由 $[PW_9O_{34}]$ 单元夹心组成的钒离子三核簇化合物 $[\{Y(OH_2)\}_3(CO_3)(A\text{-}\alpha\text{-}PW_9O_{34})_2]^{11-}$，该化合物中的3个钇离子是通过共用多酸的氧及1个碳酸根离子而形成的三核簇。

（二）过渡金属离子桥联片段

过渡金属离子是最易与缺位多酸建筑块结合形成高核簇的桥联单元。在与缺位多酸结合的过程中，过渡金属离子自身也容易聚集成簇。此外，将一些游离的过渡金属离子，尤其是配位数目灵活多变的过渡金属离子引入反应体系，可以有效地辅助多酸缺位片段形成高核簇。Ag^+ 的配位数具有从2到8等多种配位环境，在合成高核钨簇的过程中使用 Ag^+ 构筑了两个新型的钨簇，即 $Ag_{5.5}K_{4.5}Na_{26}[(W_{10}O_{30})(BiW_9O_{33})_4]\cdot Ca\cdot nH_2O$ 和 $Na_{19}[Bi_2Ag_3Na(W_3O_{10})(BiW_9O_{33})_3]\cdot nH_2O$。利用新制备的 $[B\text{-}\alpha\text{-}BiW_9O_{33}]^{9-}$ 同 $AgNO_3$ 和 $Na_2WO_4\cdot 2H_2O$ 在pH为4.5 ~ 5的水溶液中反应，得到新型的高核钨簇 $W_{10}O_{30}(BiW_9O_{33})_4$，这个高核钨簇可以看作由4个 $\{BiW_9\}$ 建筑块同中间的 $\{W_{10}O_{30}\}$ 簇以四面体的形式连接形成的，而这个高核钨簇中所存在的多个不同的缺位位置被无序的Ag、K和Na离子所填充，形成了最终稳定的结构。Ag^+ 在该化合物中具有4、5、6和8等多种配位方式。

若上述反应溶液的pH控制在3.5 ~ 4，则会得到另外一种较小的钨簇 $Bi_2Ag_3Na(W_3O_{10})(BiW_9O_{33})_3$。这个钨簇是由3个 $\{BiW_9\}$ 建筑块通过桥联片段 Bi^{3+}，Ag^+ 和 Na^+ 等离子连接组成的闭合环状结构，中间的空间被1个三核 $\{W_3O_{10}\}$ 簇所占据。

（三）金属有机桥联片段

采用具有亲电的金属有机片段同各种亲核的缺位多钨酸盐反应，也是构筑高核钨簇的一个重要途径。

科特采用 $[PW_9O_{34}]^{9-}$ 同有机锡化合物 $[Sn(CH_3)]^{2+}$ 反应得到一种高度聚合的金属氧簇 $[\{Sn(CH_3)_2(H_2O)\}_{24}\{Sn(CH_3)_2\}_{12}(PW_9O_{34})_{12}(PW_9O_{34})_{12}]^{36-}$，它是由12个 $\{PW_9\}$ 三缺位多酸建筑块通过36个 $[Sn(CH_3)_2]^{2+}$ 离子连接到一起所组成的。此外，科特还采用 $K_{16}Li_2[H_6P_4W_{24}O_{94}]$，简写 $\{P_4W_{24}\}$，$[Sn(CH_3)_2]^{2+}$ 有机金属片段，生成另外一种二聚的大簇 $[\{Sn(CH_3)\}_4(H_2P_4W_{24}O_{92})_2]^{28-}$。在这个结构中，两个具有字母C形的 $\{P_4W_{24}\}$ 簇被4个有机金属片段相互垂直连接在一起，构成二聚体。特别注意的是，这些高核簇的形成大多是在常规条件下合成的。

四、嵌入多核过渡金属簇的高核钨簇

（一）基于 $\{XW_9\}$ 或 $\{X_2W_{15}\}$ 多酸及其衍生片段的新型过渡金属簇

采用三缺位的 Keggin 型或 Dawson 型建筑单元与过渡金属离子结合可以生成一系列具有夹心型的多酸结构。在夹心片段中，3 个或 4 个过渡金属离子聚集形成经典的三角形或菱形核簇。然而随着合成技术及晶体表征技术的不断进步，一系列具有新型夹心结构的多酸化合物被相继制得。研究发现，在这些新颖的化合物中不仅过渡金属簇的聚集程度变得更高，而且缺位的多酸片段也发生了结构转变。

研究发现，这些新结构的出现均是由于缺位的多酸片段打破了原来固有的 $\{\alpha-XW_9O_{34}\}$ 单元而引起的，而这些新片段的出现与合成原料 $K_8[\gamma-SiW_{10}O_{36}]$ 的使用密不可分。$K_8[\gamma-SiW_{10}O_{36}]$ 是一种非常好的缺位多酸起始原料，不仅其具有多缺位的结构特点，更重要的是，它在溶液中具有亚稳态，在不同的反应条件下可产生多种不同类型的缺位多酸中间体，有利于新型多酸簇的合成。此外，与不同的过渡金属离子反应，所得结构也不尽相同。

缺位多酸作为无机多齿含氧配体还参与了其他一些多核金属簇的合成。例如，美国希尔课题组曾经采用缺位的 $[\alpha-SiW_9O_{34}]^{10-}$ 合成了含有十六核 Nb 簇的巨型分子 $[Nb_4O_6(\alpha-Nb_3SiW_9O_{40})_4]^{20-}$，其中，每 3 个 Nb 中心占据了 $\{SiW_9\}$ 的 3 个缺位位置，形成三核 Nb 簇。4 个这样的三核 Nb 簇又以四面体方式同中心的四核 Nb 簇连接，构成最终的巨型簇。法国的康纳等人则以 $[P_2W_{15}O_{56}]^{12-}$ 为配体合成了新型的环状多核钼硫簇化合物 $\{(\alpha-H_2P_2W_{15}O_{56})_4[Mo_2O_2S_2(H_2O)_2]_4[Mo_4S_4O_4(OH)_2(H_2O)]_2\}^{28-}$。

前面提到的合成工作绝大多数是在常压下的水溶液体系中完成的，一些反应还需要在 50 ~ 100℃的加热条件下完成。杨国昱在利用缺位多酸制备高核过渡金属簇过程中将水热合成引入制备体系，并成功合成出一系列新颖的多核过渡金属簇结构。

（二）基于 $\{P_2W_{12}\}$ 或 $\{P_8W_{48}\}$ 多酸及其衍生片段的新型过渡金属簇

在利用缺位多酸探索合成新型多核过渡金属簇的过程中，采用哪种缺位多酸片段才能获得具有更高聚合度的过渡金属簇化合物，始终是合成化学家们思考的问题之一。这不仅仅是合成上的一种挑战，而且制备得到的新型过渡金属簇在分子磁性、催化、发光及纳米器件等研究领域具有重要的应用价值。

库尔茨率先采用具有大环结构的 $\{P_8W_{48}\}$ 合成了基于多酸片段的过渡金属 Cu 簇化合物 $[Cu_{20}Cl(OH)_{24}(H_2O)_{12}(P_8W_{48}O_{48})]^{25-}$，以及 Fe 簇化合物 $[P_8W_{48}Fe_{16}(OH)_{28}(H_2O)_4]^{20-}$。在 Cu 簇化合物中，大环多酸 $\{P_8W_{48}\}$ 的中心存在着一个近似笼型的 20 核 Cu 簇。

（三）基于其他多酸片段的多核金属簇

除了上述提到的缺位多酸盐片段外，其他一些缺位多酸盐建筑单元，如{XW_6}（X=Si，P，As 等）片段也可以作为无机的多齿含氧配体来进行多核过渡金属簇的构筑。

库尔茨等人在采用 $Na_9[\alpha-AsW_9O_{34}]$ 为原料和 Ni^{2+} 反应时，制备了具有字母 C 形的多核簇 $[Ni_6As_3W_{24}O_{94}(H_2O)_2]^{17-}$。其中存在 2 个 {$\alpha-AsW_9$} 三缺位 Keggin 型建筑块和 1 个进一步降解了的 {AsW_6} 六缺位建筑块。2 个共边相连的三核 Ni 簇通过 3 个缺位建筑块包夹构成了一个类似“巨无霸”式的超级夹心结构，并形成具有一个弯曲的字母 C 形状多核簇。

五、嵌入 4f—3d 混合金属簇的高核钨簇

由于多核过渡金属簇在磁性及催化等研究领域的广泛应用，以及利用缺位多钨酸盐构筑多核过渡金属簇的可行性，促使人们开始考虑是否具有 4f—3d 混合金属簇也可以利用缺位多钨酸盐来进行构筑。但是由于构筑过程中，稀土离子和过渡金属离子与缺位多钨酸盐的反应活性不同，导致混合簇的构筑不易成功。

第二节　高核钼簇

与高核钨簇相比，大多数高核钼簇中并未发现经典的缺位 Keggin 型结构及其衍生物片段，尤其是 {Mo_3O_{13}} 三金属簇对于构筑高核钼簇并不是最重要的建筑单元，而且当其中的一部分 Mo^{VI}被还原成 Mo^{V}后，{Mo_3O_{13}} 三金属簇就更加难以形成，这一点同钨酸盐的构筑是截然不同的。迄今为止，大多数高核的多钼酸盐含有另外一些基本构筑单元。例如，具有五边形的 {$(Mo)Mo_5$}、椭圆形的 {Mo_{17}} 或 {Mo_{17}} 片段（由 2 个 {Mo_8} 通过 1 个 {Mo_1} 连接而成）等，它们以不同的方式与各种桥联片段（如过渡金属离子或低核 Mo 簇）相连，形成高核钼簇。

一、合成策略

一般来说，高核钼团簇是在酸性钼盐水溶液中制备的。该系统可以产生多种中间建筑单元，并以各种方式形成大集群。穆勒等人指出高核钼团簇的合成遵循三个基本原则：一是还原钼酸盐溶液体系；二是钼酸盐中间体在溶液中的稳定

性；三是钼酸盐中间体在溶液中的高浓度。

（一）还原反应体系

酸性的钼酸盐水溶液体系可以进行各种方式的还原，使溶液变为蓝色，常常被人们称为“钼蓝”溶液，最早在实验室中研究“钼蓝”溶液的是瑞典科学家谢勒和伯齐利厄斯第一个报道的，是从“钼蓝”溶液中得到的化合物 $Mo_5O_{14} \cdot nH_2O$。而目前为止，对这一体系研究最为深入的是德国比勒菲尔德大学的教授。当向酸性的钼酸盐水溶液中加入各种还原剂时，溶液中的 Mo^{VI}变为 Mo^{V}，与其结合的氧原子的电荷密度上升，亲核性增强，更易与未还原的钼酸根之间脱水缩合形成高聚合度的钼簇。而且，这一变化使各种多核钼簇中间体带有更多的负电荷，可有效防止中间体之间不可控的交联或沉淀过早发生。在构筑高核钼簇的过程中，随着高核钼簇尺寸的不断增加，也必须保持这一阴离子表面的电荷密度不变。这也意味着需要增加表面电荷的数量，以确保使体积不断增长的多阴离子在溶液中依然保持较好的溶解度且不发生解离。因此，还原是构筑高核钼簇的一个非常重要的合成手段。但要说明的是，采用还原酸性的钼酸盐水溶液构筑高核钼簇的方式看起来仅适用于钼簇。因为有人试图采用同样的方法来还原酸性钨（Ⅵ）酸盐水溶液，但只引发了 W—W 金属键的生成，而没有想象中高核混价钨簇的生成。

对酸性钼酸盐水溶液进行还原有多种方式。例如，化学还原法、光照还原法或电化学还原法等。

1. 化学还原法

在合成高核钼簇的过程中，向酸性的钼酸盐水溶液中引入各种还原剂是最早采用的手段，也是最为有效的手段。羟氨作为一种常见的还原剂，最早被用在高核钼簇的合成。例如第一个高核钼簇 $[Mo_{36}(NO)_4O_{108}(H_2O)_{16}]^{12-}$ 就是通过向酸性的钼酸盐水溶液中引入羟氨制得的。在合成过程中，产生的 $\{MoNO\}^{3+}$ 片段一度被认为是合成高核钼簇必须存在的刚性片段，但是经大量的工作证实，$\{MoNO\}^{3+}$ 片段是可以被 $\{MoO\}^{4+}$ 片段所替代的，也反映出在合成中引入还原剂的重要性。除了羟氨以外，$SnCl_2$ 也被用作还原剂来制备具有 $\{Mo_{154}\}$ 和 $\{Mo_{176}\}$ 等混价的高核轮型簇。其他还原剂，如连二亚硫酸钠（保险粉）和硫酸钠等，也可用于制备各种高核钼簇。

2. 光照还原法

除了使用还原剂，还可以采用光照还原酸性钼酸盐溶液，这种方法可以使多核的钼酸盐中间体构筑单元带有更多负电荷，进而自组装形成更高核度的钼簇，既有效又环保。在构筑高核钼簇的过程中，需在氮气保护的条件下，采用长时间紫外光照 pH=3.3 的 β–$[Mo_8O_{26}]^{4-}$ 甲醇 / 水混合溶液体系，得到了具有更高聚合度的混价钼簇。此外，亚马斯课题组还采用光照还原酸性钼酸盐溶液的方法合成了大核轮簇 $[Mo_{142}O_{432}H_{28}(H_2O)_{58}]^{12-}$，为“钼蓝”的化学研究开辟了新路。

3. 电化学还原法

控制电位电解法是一种制备混价杂多蓝化合物的经典方法，采用此方法在构筑杂多蓝的过程中不仅可以比较准确地控制产物的还原程度，还可以避免向反应体系中引入杂原子，这是化学还原方法所没有的两大优势。然而到目前为止，依然无法通过电化学还原的方法得到高核钼簇。可能是因为所生成的混价钼簇中间体在电化学反应体系中浓度不高或者稳定性差（停止电解后易被重新氧化）。

（二）保证中间体在溶液中的稳定性

如何构筑更大的多核钼簇，不断挑战其在纳米科学领域里尺寸和核度的极限，是这个领域里引人瞩目的课题之一。一个公认的合成方法是“自下而上”法，即从简单无机金属含氧酸盐出发，能够在溶液中先生成一些相对较大的中间体（如 $\{(MO)Mo_5\}$），进而利用这些中间体构筑单元，通过金属阳离子等桥联片段将中间体连接形成高核簇。从理论上讲，溶液中的这些中间体建筑块若能够相对稳定地存在于反应体系中，就有可能直接彼此相连接，或者通过阳离子连接形成更大的簇。但是一个重要的前提是必须避免这些中间体之间不可控的交联或过早沉淀。目前，大多数高核钼簇的合成都采用了加入低价过渡金属盐或还原剂来稳定中间体物种。

（三）保持中间体在溶液中的高浓度

在进行钼簇的合成中，反应溶液中钼簇中间体不仅要在结构上具有相对的稳定性，而且要保证高浓度（即在溶液中有很高的溶解度）。穆勒等人报道的几个环状高核钼簇证实了这一点：这些含有上百个 Mo 原子的环状高核钼簇虽然带有非常低的负电荷，但是其表面含有大量的配位水分子，表现出高度的亲水性。

王恩波课题组在研究高核钼簇的合成体系中，采用了制备多酸盐纳米晶所使用过的聚乙二醇 / 水二元溶液体系来制备新型钼簇，成功合成出由乙二醇修饰的 $\{Mo_{72}Fe_{36}\}$ 笼型簇，簇内封裹着 Keggin 型 $[PMo_{12}O_{40}]^{3-}$ 杂多阴离子。聚乙二醇由于是一类长链柔性聚合物分子，且水溶性较好，使得其在水中时可将整个溶液反应体系分割成无数微小的反应场所。这不仅进一步增大了钼簇中间体在每个微小反应场所内的浓度，也保持了中间体单元的稳定性，使中间体不宜过早交联和聚合。采用聚乙二醇 / 水二元溶液体系所合成的高核钼簇，其产率相比于已报道的文献有所提升。

二、轮状钼簇

（一）$\{Mo_{36}\}$ 轮簇

具有三十六核的钼簇 $[Mo_{36}O_{112}(H_2O)_{16}]^{8-}$，可简写 $\{Mo_{36}\}$。早在 1931 年，雅各布等人就曾报道过 $\{Mo_{36}(NO)_4\}$ 可能存在于经羟胺还原的酸性钼酸盐水溶液中。从 20 世纪 80 年代开始，许多科研人员相继报道了具有轮型结构的 $\{Mo_{36}\}$ 轮簇。$\{Mo_{36}\}$ 簇中的基本建筑单元是 $\{Mo_{17}\}$，它是由 2 个 $\{Mo_8\}$ 单元和 1 个 $\{Mo_1\}$ 片段共角连接而成的。此外，2 个 $\{Mo_{17}\}$ 构筑单元又通过 2 个桥联 $\{Mo_1\}$ 片段结合在一起，形成最终的笼型簇。这个笼型簇的表面含有大量的配位水分子，有可能被各种有机含氧配体取代，获得有机基团功能化的有机—无机杂化材料。此外，由于 $\{Mo_{36}\}$ 轮簇中含有构筑其他高核钼簇所需要的基本建筑单元 $\{Mo_8\}$ 和 $\{Mo_{17}\}$，因此它常用作起始原料来合成具有更高核度的钼簇。

（二）$\{Mo_{57}M_6\}$ 轮簇

这个轮型簇具有两个重要且可化学修饰的结构特征。一是在 $\{Mo_{57}M_6\}$ 轮簇的外沿存在 3 个由 $\{Mo_{17}\}$ 单元组合后形成的空穴。这些空穴可进一步接受更多的具有亲电特性的金属氧簇片段，如 $\{MoO\}^{4+}$ 单元，进而形成具有更高核度的钼簇 $\{Mo_{57+x}M_6\}$（x 的取值范围为 0 ～ 6）。有趣的是，$\{Mo_{57}M_6\}$ 轮簇接受 $\{MoO\}^{4+}$ 单元的能力可以通过母体轮簇还原程度的大小进行控制。因为随着还原程度的增加，母体轮簇的亲核性增强，最高可使 6 个 $\{MoO\}^{4+}$ 单元配位到外沿的空穴中形成化合物 $[H_3Mo_{57}V_6(NO)_6O_{189}(H_2O)_{12}(MoO)_6]^{21-}$。二是中间空穴的 6 个过渡金属离子可以通过化学反应自由地更换。王恩波课题组采用各种过渡金属离子，如 Mn^{2+} 和 Cu^{2+} 得到一系列过渡金属离子取代的 $\{Mo_{57}M_6\}$ 簇，这就使 $\{Mo_{57}M_6\}$ 簇的磁功能特性可以人为进行调控。

（三）$\{Mo_{154}\}$ 轮簇

20 世纪 90 年代中期，穆勒与合作者在研究“钼蓝”溶液体系时，向酸化的“钼蓝”溶液中引入羟胺 (NH_2OH) 还原剂，得到了很少的几粒单晶。在随后进行的单晶结构研究中获得两个重要发现：

①该化合物阴离子是一个非常巨大的轮型多钼酸盐离子，是由 154 个 Mo 原子通过 O 连接而成的，直径约 4nm。

②该阴离子具有非常大的表面，并且表面含有非常多的配位水分子，使其具有极高的溶解度。这一发现受到广泛关注，并且以“巨轮滚动到分子前沿”为标题进行了重点报道。

穆勒与合作者随后的工作表明 $\{Mo_{154}\}$ 轮簇是“钼蓝”化合物的基本结构类型，它可以在不同的条件下制得。其单晶的培养借鉴了蛋白质盐析结晶的方法，采用很高的反应浓度才析出得到单晶。而在后续进行的系统研究中，穆勒等人还证实了采用各种还原剂还原酸化钼酸盐溶液所得到的晶态化合物，均含有分立的环状多核阴离子。值得一提的是，最初报道的轮型簇 $\{Mo_{154}\}$ 含有 $\{Mo_{77}\}^{3+}$ 单元，曾在一段时期内被认为是构筑高核钼簇必不可少的建筑单元。但是含有这个基团的化合物很难得到纯相，而 $[Mo_{154}O_{464}H_{14}(H_2O)_{70}]^{14-}$ 却可以高产率制备。这也进一步说明，在合成高核钼簇过程中还原剂 NH_2OH 并不是唯一的选择。此外，随着研究的深入，发现 $\{Mo_{154}\}$ 轮簇也并不是总以完美的 154 个 Mo 原子形式析出晶体，在不同 pH 条件下，$\{Mo_{154}\}$ 轮簇经常出现各种缺陷，即组成轮簇中的一些 $\{Mo_2^{V}\}$ 或 $\{Mo_1^{VI}\}$ 片段随着 pH 的升高而不断丢失，形成带有各种表面空穴的 $\{Mo_{154-x}\}$ 轮簇（x 的取值为 0 ~ 16）。

（四）$\{Mo_{128}Eu_4\}$ 椭圆形轮簇

当向酸性的钼酸盐水溶液中引入 Eu^{3+}，并且使溶液中 20% 的 Mo^{VI} 还原为 Mo^{V} 后，生成了另外一种新型的椭圆形轮簇的二聚体 $[\{Mo_{128}Eu_4O_{388}H_{10}(H_2O)_{81}\}_2]^{20-}$，简写 $\{Mo_{128}Eu_4\}_2$。$\{Mo_{128}Eu_4\}$ 是第一个具有椭圆形结构的轮型钼簇，外径长约为 4nm。每两个椭圆形钼簇通过 2 个 Eu—O—Mo 键连在一起。在这个体系中，由于 Eu^{3+} 的引入，阻碍了高度对称的闭合圆环的生成，而使所组装的闭合环具有更大的曲率，形成椭圆环。它也具有纳米级孔穴，为新型主—客体化学研究提供了新的模型。

（五）$\{Mo_{176}\}$ 轮簇

$\{Mo_{154}\}$ 轮簇发现后不久，北京大学的魏永革和章士伟以及德国的穆勒课题组相继合成了核数更高的轮簇 $[(MoO_3)_{176}(H_2O)_{80}H_{32}]$，简写 $\{Mo_{176}\}$。这个纳米级分子轮簇的外径达 4nm，内径约 2.5nm，厚度约 1nm，可作为分子容器来使用。值得一提的是，如果能够使它在晶体中沿着其分子对称轴的方向堆砌，或是能采用化学键按轴对称方向连接起来，就有可能得到尺度均一的钼氧簇纳米管结构。从结构上看，$\{Mo_{154}\}$ 和 $\{Mo_{176}\}$ 轮簇均是由 $\{Mo_8\}$、$\{Mo_2\}$ 和 $\{Mo_1\}$ 建筑块组成的，只是在 $\{Mo_{154}\}$ 轮簇中，含有 14 个由这三个构筑片段所形成的 $\{Mo_{11}\}$ 单元，而在 $\{Mo_{176}\}$ 轮簇中含有 16 个 $\{Mo_{11}\}$ 单元。但是随着轮簇直径的增大，中间空穴的功能特性也发生了相应的改变。

更为有趣的是，在酸性的 $\{Mo_{176}\}$ 轮簇体系中继续还原，部分降解的 $\{Mo_{176}\}$ 片段可在空穴上原位生成两个新型的中性 $\{Mo_{36}O_{96}(H_2O)_{24}\}$ 建筑单元，简写 $\{Mo_{36}\}$，这两个单元像两个“盖子”将 $\{Mo_{176}\}$ 轮簇的空穴完全盖住，形成一个聚合度更高的 $\{Mo_{248}\}$ 中空笼型簇。

三、笼状钼簇

（一）$\{Mo_{72}M_{30}\}$ 簇

使高核钼簇实现从轮型向笼型结构的转变也是钼簇合成领域里的一个重要挑战。穆勒课题组率先实现了这一合成，并报道了一系列具有笼型结构的高核钼簇，通式可表示为 $\{Mo_{72}M_{30}\}$($M=Mo_2^VO_4^{2+}$，Fe^{3+}，Cr^{3+} 或 VO^{2+})。五边形是构筑球型结构的重要单元，就像在足球和富勒烯上看到的五边形一样。对于高核钼簇体系而言，在低 pH 的钼酸盐水溶液中存在一个主要物种是 $\{Mo_{36}\}$ 簇，它含有一种具有五边形构型的 $\{(Mo)Mo_5\}$ 构筑单元，是由一个中心配位的 $\{MoO_7\}$ 单元同 5 个 $\{Mo_{36}\}$ 八面体共边相连构成的。而球状的笼簇恰好可以通过向 $\{Mo_{36}\}$ 簇的水溶液中加入各种桥联片段反应得到。穆勒等人随后研究发现，在这一反应体系中五边形构筑单元同其他桥联片段之间的作用相对较弱，通常采用共角形式相连，因此倾向于生成球状笼簇。这种倾向性与几何学上的等周规则极为相似。而最终获得的球状笼簇可以用通式来表示：$\{$五边形$\}_{12}\{$桥联单元$\}_{30}$，这一表示法也完全符合几何学上的欧拉规则。

更有趣的是，前面提到的 $\{Mo_{154}\}$ 和 $\{Mo_{176}\}$ 轮簇与这个 $\{Mo_{132}\}$ 球型簇竟可以用一种统一的方式来表示：$\{$五边形$\}_n$，简写 $\{(Mo)Mo_5Mo_5\}_n$（n=12 是球型体系；n=14，16 是轮型体系）。它们的不同之处在于，在球型体系中，所有的 $\{MoO\}$ 和 $\{MoO_6\}$ 八面体均处于 G_5 对称的位置上，而在轮型簇中不具备这样的特征，因为在轮型体系中失去了一个 $\{MoO_6\}$ 八面体。

另外，一个有趣的球形簇是使用 Keggin 型 $[PMo_{12}O_{40}]^{3-}$ 多阴离子同 Fe^{3+} 离子在酸性条件下反应得到，反应过程中 Keggin 型多阴离子发生了降解并生成了新的中间体片段，这些片段同 Fe^{3+} 离子连接组成了球形的且具有二十面体对称性的高核簇 $[\{(Mo^{VI})Mo_5^{VI}O_2L_6\}_{12}(Fe^{III}(H_2O)L\}_{30}]\cdot 150H_2O(L=H_2O/CH_3COO^-)$，简写 $\{Mo_{72}Fe_{30}\}$，而还未降解的 Keggin 型多阴离子被封裹在这一笼型簇内部。这一结果显示该反应体系可能更倾向于生成具有高对称性的笼簇（二十面体对称性）而非低对称性的 Keggin 型多阴离子（Td 对称性）。

而在随后的研究中还发现在酸性的醋酸盐或硫酸盐反应体系中，从钼酸盐作为起始原料出发，向其中引入各种桥联过渡金属离子，如 Fe^{3+}、Cr^{3+}、VO^{2+} 等，也能合成球形的 $\{Mo_{72}M_{30}\}$ 簇。从结构上看，所有顺磁性的桥联金属中心均以三角形闭合回路存在，使得这一球型簇可能呈现一个巨大的自旋失措体系，因此，该球型体系可成为一类有趣的磁功能可调控材料。

（二）$\{Mo_{75}V_{20}\}$ 笼簇

另一个具有笼型结构特征的钼簇是 $[\{Mo^{VI}O_3(H_2O)\}_{10}\{V^{IV}O(H_2O)\}_{20}\{(Mo)Mo_5^{VI}O_{21}(H_2O)_3\}_{10}$

$(\{Mo^{VI}O_2(H_2O)_2\}_{5/2})_2(\{Na_2SO_4\}_5)_2]^{20-}$，简写 $\{Mo_{75}V_{20}\}$。

$\{Mo_{75}V_{20}\}$ 球簇结构也具有一种典型的阿基米德几何拓扑，即由 12 个五角形和 20 个三角形的面构成的三十二面体。其中，12 个五边形的位置被 $\{(Mo)Mo_5\}$ 五边形建筑块所占据，而 20 个三角形位置由 20 个 V^{VI} 和 10 个 Mo^{VI} 中心所形成。在笼簇的中间赤道部分，由 20 个 V^{VI} 中心构成了环形带状结构，其中包含 1 个 $\{V_3^{VI}\}$ 三角形几何拓扑。这个环形带状结构确保化合物具有典型的顺磁性行为，并且存在较强的反铁磁性相互作用。在笼簇的内部封裹着一个圆环 $\{Na_2SO_4\}_5$。此外，借鉴 $\{M0_{57}M_6\}$ 笼型簇中的过渡金属离子 M 可以随意替换，$\{Mo_{75}V_{20}\}$ 中的 V 原子也可能被其他过渡金属离子替换或修饰，进而实现微调 $\{Mo_{75}M_{20}\}$ 钼簇磁性行为的功能。

（三）$\{Mo_{368}\}$ 笼簇

除了以上的笼簇外，穆勒课题组还制备了迄今为止最大的笼型钼簇 $Na_{48}[H_xMo_{368}O_{1032}(H_2O)_{240}(SO_4)_{48}]\cdot 1000H_2O$，简写 $\{Mo_{368}\}$，这个类似柠檬状结构的钼簇被形象地称为“纳米刺猬”，这是因为这一笼型簇结构壳层上的氧原子均指向外部，与刺猬类似。这个笼簇含有 368 个钼原子，大小与一个蛋白质分子相当。笼簇的两端开口，它的内径宽 2.5nm，长 4nm，簇内封裹着近 400 个水分子。这个具有极高负电荷的大簇呈现出非常深的蓝色，这是由电子离域造成的。该簇的合成标志着无机化合物的分子结构研究已经从小分子研究跃入到具有蛋白质尺寸的大分子体系研究领域中。

四、其他钼簇

（一）$\{Mo_{48}\}$ 冠状钼簇

近年来，在高核钼酸盐轮簇和笼簇不断发展的同时，一些具有其他构型的高核钼簇也不断被合成。

$\{Mo_{48}\}$ 冠状钼簇结构具有一种引人注目的主—客体结构特征。结构的主体是具有冠状结构单元的混价多阴离子，这一冠状簇的中间空穴为 4.742Å × 9.878Å × 19.974Å。此外，这个冠状的主体并不是一个平面的环状构型，而是具有螺旋形起伏的冠状簇，这一结构特征恰好可以使它能够容纳一个具有“之”字形链状的客体阳离子簇 $[Na_5(H_2O)_{14}]^{5+}$。

（二）$\{Mo_{51}V_9\}$ 碗状钼簇

汪盛和卢灿忠等首次采用水热合成的方法制备了一个新型的碗状高核钼簇 $[Mo_{51}V_9(NO)_{12}O_{165}(OH)_3(H_2O)_3(NHMe_2)_3]^{21-}$，简写 $\{Mo_{51}V_9\}$。

这个碗状钼簇可以分为“碗口”和“碗底”两个构筑单元。这两个部分并不存在赤道方向上的对称平面。在“碗口”部分，构成“碗口”单元的 3 个 $\{Mo_8\}$ 片段具有“蝙蝠状”的结构外观。这些构筑块除了中间的五边形 $\{(Mo)Mo_5\}$ 片段同前面报道的 $\{Mo_{11}\}$ 钼簇类似外，在“蝙蝠状”$\{Mo_8\}$ 簇的两个翅膀位置是两个 $\{MoO_6(NO)\}$ 片段，这与前面构筑轮簇所用到的 $\{Mo_8\}$ 片段是截然不同的。而在“碗底”部分，3 个五边形 $\{(Mo)Mo_5\}$ 片段被 9 个 $\{VO_6\}$ 八面体连接，形成碗状的三聚簇。“碗口”和“碗底”单元通过“碗底”上缘的 6 个八面体 $\{VO_6\}$ 单元构成碗状簇。有趣的是，3 个二甲基氨阳离子被封裹在碗状簇的“碗底”，距离“碗底”上的 3 个七配位 Mo 中心上的氧很近（2.432Å），表明它们之间存在较强的氢键作用。

（三）以 ε–Keggin 型钼簇为核心的高核钼簇

将具有 Keggin 型的 Mo 簇高度还原，可使其构型发生翻转，生成具有更强亲核性能的 ε–Keggin 型钼簇中间体 $[H_xMo_{12}^{V}O_{40}]$（结构中含有 6 个短的 $Mo^{V}—Mo^{V}$键连），这个中间体可通过 4 个亲电片段 $\{Mo^{VI}O_3\}$ 的配位而稳定存在，形成十六核钼簇，并且以有机铵盐的形式析出。

穆勒课题组在合成中发现，当进一步使 4 个亲电的 $\{Mo_m^{VI}O_3\}$ 片段还原为亲核的 $\{Mo^{V}O_3\}$ 单元后，ε–Keggin 型中间体可作为基质，结合更多亲电的多钼酸盐片段。例如，可同时不对称地连接 $\{Mo_{10}\}$ 簇片段和 $\{Mo_{11}\}$ 簇片段，生成外消旋体多核钼簇 $[H_{14}Mo_{37}O_{112}]^{14-}$，简写 $\{Mo_{37}\}$。此外，苏维塔在合成体系中引入三甲醇基烷烃类有机配体，还可生成具有更高核度的 $\{Mo_{43}\}$。

（四）无机及有机配体辅助的钼簇

借助无机含氧酸根，如磷酸根或砷酸根等无机配体作为桥联片段，也可合成得到一系列高核钼簇。塞赫里什曾将 $Na_4P_2O_7$ 引入含有 Na_2MoO_4 和 N_2H_4 的醋酸钠缓冲溶液反应体系，得到具有穴状结构的高核钼磷酸盐簇 $\{P_{20}Mo_{20}\}$。在这个结构中，10 个焦磷酸根形成穴状的 $\{P_{20}Mo_{20}\}$ 簇。在簇内含有 4 个具有八面体配位几何的 Na^+。周百斌课题组在向酸性及还原的钼磷酸盐体系中引入 Sr^+ 后，水热合成得到新型的花篮形多阴离子 $\{P_6Mo_{18}\}$。在这个结构中，具有四缺位的 γ–Dawson 型 $\{P_6Mo_{18}\}$ 建筑单元作为“花篮”的主体与一个“花篮把手”片段 $\{P_4Mo_4\}$ 连接，构成一个完整的花篮式结构。在“花篮”的空腔内封裹着模板离子 Sr^+。此外，整个多阴离子同 5 个 $\{Cu(phen)(H_2O)_x\}^{2+}$（phen=1，10– 邻菲咯啉，$x$ 的取值范围为 1 ~ 3）金属有机片段配位，来平衡多阴离子电荷，并使整个簇稳定存在。

钼酸盐不仅可以通过酸化及还原的方式形成高核簇，也可同其他过渡金属离子或金属簇结合生成各种新型的高核化的杂核簇。法国的塞赫里什课题组曾采用水热合成方法，以 $Na_2MoO_4 \cdot 2H_2O$、Mo、H_3PO_4 和 $CoC_{12} \cdot 6H_2O$ 为原料，在 180℃，

pH=2 的反应体系中加热 3 天，得到环状大簇 $[H_{14}(Mo_{16}O_{32})Co_{16}(PO_4)_{24}(H_2O)_{20}]^{10-}$。在该化合物中存在 8 个 $\{Mo^{V}{}_2O_8\}$ 片段，将 4 个 $\{Co_4\}$ 簇连接形成环状结构，这一结构又被 24 个 $\{PO_4\}$ 四面体连接而稳定存在。

此外，通过有机配体或模板剂的辅助，也可以合成新型的高核钼簇。克罗宁课题组将六亚甲基四胺引入酸性的钼酸盐水溶液中，获得新型的多核钼酸盐。该化合物具有一种前所未有的混价同多钼酸盐构型，其中含有 4 个 Mo^{V} 和 12 个 Mo^{VI} 中心。法国的弗洛盖和卡多教授则采用各种有机多钼酸为模板，合成了一系列轮状结构 Mo 簇 $[Mo_{12}O_{12}S_{12}(OH)_{12}(C_8H_4O_4)]^{2-}$，简写 $\{Mo_{12}TerP\}$；$[Mo_{16}O_{16}S_{16}(OH)_{16}(OH)_{16}(C_{10}H_8O_4)_2]^{4-}$，简写 $\{Mo_{16}(PDA)_2\}$ 和 $[Mo_{16}O_{16}S_{16}(OH)_{16}(H_2O)_2(C_8H_4O_4)_2]^{4-}$，简写 $\{Mo_{16}(IsoP)_2\}$。有趣的是，轮簇的构型随着有机羧酸的改变而变化。

第三节　高核钒簇

高核钒簇（或多钒酸盐）是多酸高核化研究的一个重要分支，因为这类化合物在催化、生物化学和先进功能材料等领域已经显示出潜在的应用价值。在构筑过程中，尽管其基本构造原理同高核钼簇相同，但是对于高核钒簇来说，其重要特征是存在着多种类型的 $\{VO_x\}$ 多面体建筑单元，如 $\{VO_4\}$、$\{VO_5\}$ 和 $\{VO_6\}$ 等，尤其是具有四方锥构型的 $\{VO_5\}$ 建筑单元，有利于在自组装过程中形成笼型的结构。在合成高核钒簇的过程中有两个至关重要的因素：一是模板的使用；二是还原态钒原子或混合价态原子的参与。首先，在合成中引入的无机酸根离子（如 Cl^-、CO_3^{2-}、NO_3^-、PO_4^{3-}、ClO_4^- 等）、小分子（如 Nr_3^-、H_2O) 以及在合成初期形成的较小钒氧簇片段，极易成为构筑高核钒氧簇的模板，在形成笼型“主体”单元时，能够以共价或非共价键连接的方式嵌入“主体”簇中。例如，多钒酸盐，就是阴离子模板剂 PO_4^{3-} 共价连接到多核钒酸盐簇上，而 Cl^- 以非共价连接的方式在簇阴离子内部。其次，合成中使用还原剂，使部分 V^{V} 被还原为 V^{IV}，或者从低价态钒酸盐（+3，+4）的起始原料出发，不仅有利于四方锥构型的 $\{VO_5\}$ 建筑单元的形成，并易聚集成笼簇，而且使所合成的笼簇所带负电荷较多，不宜过早聚集和交连，有利于稳定所生成的钒酸盐簇。

一、模板法构筑笼型高核钒簇

通过各种模板剂的作用，笼型钒簇 $\{V_{12}\}$、$\{V_{14}\}$、$\{V_{16}\}$、$\{V_{18}\}$、$\{V_{19}\}$、$\{V_{19}\}$、$\{V_{22}\}$ 及最高的 $\{V_{34}\}$ 簇均已经被合成和报道。穆勒等人曾指出在这些笼型钒簇的

结构中，最引人瞩目的一点是随着簇内模板的改变，笼型的主体结构也随之发生变化。例如，在笼型的钒簇 $[V_{18}O_{42}Cl]^{13-}$ 中，由于客体 Cl^- 本身呈球形，这个 $\{V_{18}\}$ 笼簇也接近球形的几何构型。但是，当叠氮离子 N_3^- 被封入 $\{V_{18}\}$ 笼簇形成多阴离子后，整个笼簇由球形变成了椭球形。而当采用 ClO_4^- 作为阴离子模板时，又生成了一个新型的笼簇 $[HV_{22}O_{54}(ClO_4)]^{6-}$，笼簇的几何构型则从椭球形变成了葫芦形。迄今为止，含钒原子数目最高的钒氧簇是 $[(V_4^{IV}O_4)O_4][V_{30}O_{74}]$，简写 $\{V_{34}\}$，其中 $\{(V_4^{IV}O_4)O_4\}$ 客体单元被封裹在具有更大尺寸的笼型钒氧簇 $\{V_{30}O_{74}\}$ 内部。在 $\{V_{34}\}$ 笼簇中最突出的是 $\{V_4O_4(O_{tem})_4\}$ 立方烷结构客体单元，这一客体是在反应最初形成的，并随之作为模板进行 $\{V_{30}O_{74}\}$ 笼簇的组装。

二、含氧无机及有机配体辅助构筑多核钒簇

在高核钒簇的构筑过程中，使用含氧的无机及有机配体对于构筑新型的高核钒簇起到重要作用。无机的含氧配体通常是指由第三主族到第七主族的非金属原子或金属原子形成的含氧酸根离子，例如，硼酸根离子、砷酸根离子、醋酸根离子等，它们在高核钒簇的形成过程中起到了连接和稳定钒簇结构的作用。而有机含氧配体通常是指带有醇羟基、酚基、醛（酮）基或羧基的有机含碳配体。

（一）含氧无机配体辅助的多核钒簇

亚马斯等人曾经采用 H_3BO_3 辅助合成了具有轮型结构的 $[V_{12}B_{32}O_{84}Na_4]^{15-}$。在这个结构中，由 12 个 $\{VO_5\}$ 四方锥组成了 1 个混价的大环，这个大环的两侧被 2 个由 $\{BO_3\}$ 和 $\{BO_4\}$ 组成的 $\{B_{16}O_{22}\}$ 圆环所固定，轮型大簇的中间含有 1 个立方形的 $\{Na_4O_4\}$ 簇。

吉林大学的冯守华课题组也曾报道过一个由硼酸盐辅助合成的多核钒簇 $[Zn(en)_2]_6[(VO)_{12}O_6B_{18}O_{39}(OH)_3]$，该化合物也具有轮型簇的特征。其中，6 个 $\{VO_5\}$ 四方锥组成 1 个 $\{V_6\}$ 环状建筑单元，而两个这样的 $\{V_6\}$ 建筑单元上、下夹持中间的 $\{B_{18}\}$ 元环，组成最终的轮型簇。此外，赵永男等人采用 H_3PO_4 和 H_3BO_3 共同辅助构筑了一个冠状的多核钒簇 $[H_2teta]_4[M(VO)_{12}\{(PO_3)_2BO_3\}_6]$（teta 是三乙基四胺；$M=NH_4^+$，$K^+$）。其中，6 个 $\{V_2O_{10}\}$ 构筑单元同 6 个 $\{(PO_3)_2BO_3\}$ 单元连接构筑成冠状簇，簇的中间被反荷阳离子 K^+ 或 $NH^+{}_4$ 所占据。

穆勒及雅各布课题组报道了利用 As_2O_3 辅助制备的高核砷钒簇。在这种结构中，所有钒原子均显示 +4 氧化态，并具有 $\{VO_5\}$ 四方锥几何构型。这些 $\{VO_5\}$ 四方锥通过共角或共边连接成笼型簇。而这个笼型簇进一步通过具有“把手”型的 $\{As_2O_5\}$ 单元固定在一起。杨国昱课题组和王恩波课题组相继发现，在这类砷钒簇合物中一个或多个 $\{VO_5\}$ 四方锥有可能被其他过渡金属离子，如 Zn^{2+}、Cd^{2+}、

Cu^{2+} 等取代，并随之作为建筑单元构筑高维框架型有机—无机杂化材料。

本施等人则采用 Sb_2O_3 辅助制备了与上述结构相类似的高核锑钒酸盐。通过结构研究表明，这一系列化合物均可以认为是由“把手”型的结构单元取代多个笼簇上的 $\{VO_5\}$ 四方锥而得到，并且可以用一个化学通式来表示。

此外，王恩波课题组还曾采用 GeO_2 及乙二醇辅助合成出九核锗钒簇 $(NH_4)_2[H_2V_9Ge_6O_{26}(EG)_6]$（EG 是乙二醇）。在结构中，6 个八面体 $\{VO_6\}$ 分成两组共边相连的 $\{V_3O_{13}\}$ 簇，这 2 个 $\{V_3O_{13}\}$ 簇又被 3 个 $\{VO_5\}$ 四方锥共边连接、3 个 $\{Ge_2O_7\}$ 单元共角连接形成笼型簇。最后，这个笼型簇通过 6 个乙二醇配体配位使整个笼簇稳定存在。经价键计算及顺磁共振研究表明，所有的钒原子均显示出 +4 氧化态。

（二）含氧有机配体辅助的多核钒簇

在多金属氧酸盐合成领域，具有 Lindqvist 型的六核钒酸盐和钼酸盐极易通过酸化合成得到。然而，通过酸化的方法只能得到十核钒酸盐，不能得到六核钒酸盐。这可能是因为 Lindqvist 型钒酸盐体积过小却含有过高的负电荷（8 个负电荷），不易使簇稳定存在。苏维塔课题组采用带有三乙醇基团的有机配体，在有机相中成功合成出一系列由三乙醇基配体修饰的 Lindqvist 型六核钒酸盐 $[V_6O_{13}R(CH_2O)_3]^{2-}$（R 为—$CH_3$，—$NO_2$，—OH）。其中，六核钒酸盐阴离子上的 6 个二桥氧原子来自 2 个三乙醇基配体，因此整个体系显示 −2 价。此外，通过调整钒的价态和有机配体的使用剂量，还可以制备出一系列具有 3 个或 4 个三乙醇基配体辅助的六核钒酸盐。法国的鲁诺及合作者利用有机配体对四丁基环芳烃 (Calix）与硫酸氧钼（Ⅳ）在 N_2 保护下的甲醇溶液中反应，得到了具有三价和四价钒混合的 Lindqvist 型六核钒酸盐 $[V_6O_6(OCH_3)_8(Calix)(CH_3OH)]$，该化合物显示出较强的铁磁性簇内相互作用。

麦克纳姆斯等人采用 5,6- 二甲基苯基三氮唑（Me_2bta）、VCl_3 和甲醇钠在惰性气体保护下甲醇溶液中进行室温反应，得到一种新型的三价和四价钒混合的十核钒酸盐簇。其中，所有的钒原子均具有八面体的配位几何构型。它们两两共边形成一组建筑单元，然后 4 个 $\{V_2^{IV}\}$ 单元分别与中心的 $\{V_2^{III}\}$ 单元共角连接构成十核钒簇，该核簇显示出较强的簇内反铁磁性相互作用。

科罗拉多和克瑞斯托等人利用 $[NEt_4]_2[V^{IV}OCl_4]$ 同醋酸盐 (OAc^-) 在乙腈溶液中以及氮气保护下分别以 1 ∶ 2、1 ∶ 3 和 1 ∶ 4 的物质的量比进行反应，并在反应结束后短暂暴露于空气中，得到具有碗状结构的五核钒簇：$[NEt_4][V_8^{IV}V_7^{V}O_{36}]$ · MeCN，半球型结构的九核钒簇 $[NEt_4]_3[V_5^{IV}V^2O_{19}(OAc)_5]$ · 2MeCN 和球型结构的十五核钒簇 $[NEt_4]_5[V_8^{IV}V_7^{V}O_{36}]$ · 1.28MeCN。通过结构分析发现，将醋酸根引入反应体系，可以有助于析出高核簇形成过程中的一些中间体，如 $\{V_5\}$ 和 $\{V_9\}$ 碗状结构的簇。而且由于 $\{V_5\}$ 和 $\{V_9\}$ 的结构非常类似于笼型簇 $\{V_{15}\}$ 上的结构片段，因此推测笼型簇的生长过程可能经历了 $[VO]^{2+} \rightarrow [V_{15}O_{36}]^{5-}$ 这样一个过程。

哈特尔等人采用环丁四酮有机配体 ($C_4O_4^{2-}$) 在有机相中合成一个高核巨簇聚集体 $[V^{IV}_{24}O_{24}(C_4O_4)_{12}(OCH_3)_{32}]^{8-}$。在这个聚集体中，每 3 个八面体 V^{IV} 中心通过共边相连形成三金属簇 $[(VO)_3(OCH_3)_4]$，同时 8 个这样的三金属簇建筑单元通过 12 个 $C_4O_4^{2-}$ 连接组成立方体型笼簇。此外，6 个特丁基胺阳离子恰好分布在立方体 6 个面的孔道上，将整个立方体笼簇封闭。

苏维塔课题组及 Muller 课题组曾采用各种有机磷酸和有机砷酸辅助，合成一系列多核钒簇。近年来，这个研究领域又有新的研究进展。克利尔菲尔德等人采用二苯基甲基磷酸和 VCl 在水热条件下制得一种笼型十二核钒簇 $[(V_{12}O_{20})(H_2O)_{12}(Ph_2CHPO_3)_8]^{2-}$。其中，阳离子 $[V^V_4O_8]^{4+}$ 扣帽单元通过 4 个 $Ph_2CHPO_3^{2-}$ 有机基团连接而稳定住碗状构型。此外，这 2 个扣帽单元又通过中间 4 个 $[V^{IV}O(H_2O)_3]^{2+}$ 八面体桥联而形成最终的笼型结构。

三、过渡金属掺杂的高核钒簇

在高核钒簇的合成中，其他 3d 过渡金属离子，如 Mn、Fe、Co、Ni、Cu 和 Zn 等的引入对于高核钒簇的形成也是一个有利因素。尤其是当 3d 过渡金属离子以杂原子形式进入多核钒簇体系，可形成一些经典多金属氧酸盐结构类型的片段，并可进一步用于构筑高核或者高维多孔化的多金属氧酸盐材料。Pope 曾经报道过一个以 Mn 为杂原子的多核钒簇 $[(MnV_9O_{28})V_2O_4]_2^{10-}$。这个 $\{V_{22}\}$ 簇多阴离子的结构可以认为是两个 $\{Mn^{IV}V^V_9\}$ 建筑单元通过中心桥联片段 $\{V^V_1O_8\}$ 连接而成的。其中，所有的金属原子都具有八面体的配位几何构型。

保罗和穆勒指出，多金属氧酸盐领域有三个最基本的母体结构类型，分别是：具有 Td 对称性的 Keggin 型 $[XM_{12}O_{40}]$ 结构，其中心杂原子具有正四面体配位几何构型；具有 OH 对称性的 $[XM_{12}O_{38}]$ 结构，其中的杂原子具有正八面体配位几何构型；具有 Ih 对称性的西弗顿型 $[XM_{12}O_{42}]$ 结构，其中的杂原子具有正二十面体几何构型。

人们已经合成得到具有 Keggin 型、西弗顿型结构的化合物，但是第二种构型的簇合物始终没有成功得到。目前，一系列已报道的化合物均只是这一构型的衍生物，如 $[AlV^{IV}_2V^V_{12}O_{40}]^{9-}$。刘术侠课题组得到第一例具有 OH 对称性的 $[XM_{12}O_{38}]$ 结构型化合物 $[MV_{12}O_{38}]^{12-}$(M=Mn，Ni），简写 $\{MV_{12}\}$。在该化合物阴离子结构中，所有的金属原子都采用六配位的八面体几何构型。12 个 $\{VO_6\}$ 八面体包围了中间

的 $\{MO_6\}$ 八面体，而它们同相邻的八面体之间共边连接。

第四节　高核铌簇

高核铌簇的合成与含有 W、Mo 和 V 的多金属氧酸盐合成迥然不同。通常，大多数的高核 W、Mo 和 V 簇需要在酸性条件下脱水缩合获得。而高核铌簇则是采用过量的强碱溶液（如氢氧化物或碳酸盐溶液）或是熔融态的强碱溶解 Nb_2O_5 制备得到。采用两种方法所制得的主要产物是具有 Lindqvist 型的 $[Nb_2O_{19}]^{8-}$ 多阴离子。从这个化合物出发，可以制备出其他结构类型的高核铌簇。但值得注意的是，$[Nb_6O_{19}]^{8-}$ 多阴离子通常具有很高的结构稳定性，并且同各种金属离子间的反应活性非常低，这使得高核钼簇的合成非常困难。迄今为止，所报道的高核铌簇并不多，表明新型高核铌簇的合成依然是多金属氧酸盐领域中一项挑战性工作。

近年来，人们采用多种不同的方法制备高核铌簇，但是无论采用何种方法，首要的问题是寻找合适条件使各种铌簇前驱体大量溶于反应溶液中，为进一步的溶液自组装创造条件。

格雷伯和摩罗斯等人曾在室温非水溶剂调控下，制备了一个十核铌酸盐 $[Nb_{10}O_{28}]^{-6}$，简写为 $\{Nb_{10}\}$。从结构上看，这个十核铌簇可认为是 2 个 Lindqvist 型 $[Nb_6O_{19}]^{8-}$ 阴离子各失去 1 个 $\{NbO_6\}$ 八面体并结合在一起而构成的。

尼曼与合作者通过水热合成的方法报道了第一个具有 α-Keggin 型结构的杂多铌酸盐 $[XNb_{12}O_{40}]^{16-}$，简写为 $\{XNb_{12}\}$（X=Si 或 Ge）。$\{XNb_{12}\}$ 杂多阴离子进一步通过 $\{Ti_2O_2\}^{4+}$ 桥联单元连接形成一维链状结构。此外，得到另外一种新型杂多铌酸盐 $[H_2Si_4Nb_{16}O_{56}]^{14-}$，简写 $\{Si_4Nb_{16}\}$。这个结构可看作由 2 个 3/4 Keggin 型片段 $\{SiNb_7\}$ 通过 1 个共边相连的 $\{NO\}$ 簇和 2 个 $\{SiO_4\}$ 片段连接在一起形成的。

尼曼等人采用常规的水溶液合成路线，又成功合成了一种新型缺位的杂多铌酸盐 $[(PO_2)_3PNb_9O_{34}]^{15-}$，简写为 $\{P_4Nb_9\}$。$\{P_4Nb_9\}$ 含有一种三缺位的 α-Keggin 型杂多阴离子 $\{PNb_9\}$，而另外 3 个 $\{PO_4\}$ 四面体与这个缺位 Keggin 单元在赤道面上的 6 个 $\{NbO_6\}$ 八面体共角相连，组成最终的阴离子簇。

第三章　固体酸催化剂的表征

固体表面的酸性质包括酸位的类型、数量、强度、来源和位置。酸位类型分为 Bronsted 酸和 Lewis 酸，前者是质子给体，后者是电子对受体。在多数情况下，Bronsted 酸位是表面羟基，Lewis 酸位是配位不饱和的表面金属阳离子。酸位数量通常用单位表面积或单位重量催化剂的酸位数目表示。强度用质子化能力或酸位与碱性分子的相互作用能来表示。碱性分子的吸附能可作为强度的一种度量。Bronsted 酸位和 Lewis 酸位的强度分别随羟基氧原子的配位数和金属阳离子的配位数而变化，因此 Bronsted 酸位和 Lewis 酸位的强度与酸位位置有关系。

必须指出不同 Bronsted 酸位的作用强度次序几乎不随探针分子的类型而变化，但不同 Lewis 酸位的强度次序则有可能随探针分子类型而变化。假定有两种 Bronsted 酸位 B_1 和 B_2，与同一种碱性分子的相互作用能量结果是 B_1 大于 B_2，则与其他碱性分子的相互作用能量也将是 B_1 大于 B_2，因而可以说 B_1 较 B_2 具有较强的 Bronsted 酸位。

然而，Lewis 酸位的情况更为复杂。根据软硬酸碱理论 (HSAB 规则)，软 Lewis 酸位与软碱性分子的作用强于硬碱性分子，而硬 Lewis 酸位与硬碱性分子的作用强于软碱性分子，因此用软探针分子和硬探针分子测定的 Lewis 酸位强度有可能不相同。假定有两种 Lewis 酸位，一种是软 Lewis 酸 L_1，另一种是硬 Lewis 酸 L_2。软探针分子与 L_1 的作用要比与 L_2 的作用强，而硬探针分子与 L_1 的作用要比与 L_2 的作用弱。因此，在不确定探针分子的情况下不能判断哪一种 Lewis 酸位更强。

在酸性位表征方面，需特别注意固体的预处理条件，因为酸性质会随预处理条件而变化。典型的固体酸催化剂为无定形或结晶形氧化物，在它们的表面同时存在羟基、配位不饱和的金属阳离子和氧阴离子。这些位点的相对量随脱水程度而变化，而脱水程度则取决于预处理条件。另外，固体酸催化剂表面残留物质的去除也取决于预处理条件。

测定酸性质的方法分为以下几类：①指示剂法；②采用探针分子测定吸附量、量热、程序升温脱附和吸附分子光谱；③直接光谱观察固体表面；④探针反应。由于没有一种方法可以同时描述所有的酸性质，因此最好多采用几种方法来了解样品的酸性质。

第一节　指示剂法

沃林采用不同 pK_a 值的指示剂创建了酸位强度的测定方法。他将固体分散在含一种指示剂的异辛烷中，观察颜色变化来决定以 Hammett 酸函数 H_0 表示的酸位强度。

测定不同强度的酸位分布时是将固体分散在非极性溶剂中，然后在加不同 pK_a 值指示剂的情况下用丁胺滴定。这种方法是由 Johnson 提出的，后来由本杰明加以改进。

本杰明用的一系列指示剂列于表 3–1。在本杰明的方法中，固体样品被分散在一系列含不同量丁胺的苯溶液中，使之达到吸附平衡。达平衡后，丁胺优先吸附在较强酸位上，而较弱酸位未被丁胺覆盖。在悬浮液中加入一滴 pK_a 值最低的指示剂蒽醌（pK_a=–8.2），观察颜色变化。如果样品吸附丁胺量比强于 H_0=–8.2 的酸位多，则不会变色。反之，如果样品吸附丁胺量比酸位少，指示剂变成酸色。强于 H_0=–8.2 的酸位量应当处于使蒽醌发生和不发生变色的丁胺量之间。

表 3–1　Benesi 的测量酸强度指示剂

指示剂	碱色	酸色	pK_a	H_2SO_4(%)
中性红	黄	红	+6.8	8×10^{-8}
苯偶氮萘胺	黄	红	+4.0	5×10^{-8}
对二甲氨基偶氮苯	黄	红	+3.3	3×10^{-4}
苯偶氮二苯胺	黄	紫	+1.5	0.02
二肉桂丙酮	黄	红	–3.0	48
亚苯基乙酰苯	无色	黄	–5.6	71
蒽醌	无色	黄	–8.2	90

用不同的指示剂以同样的实验步骤可以得到酸位随 H_0 分布的情况。本杰明得到的三种催化剂的结果示于图 3–1。图上氧化硅 – 氧化镁在 H_0=–3.0 ~ +1.5 间存在大量的酸位，但无酸位强度高于 H_0=–3.0。

指示剂法原则上虽然可用于测量酸位的数量和强度，但在实验方面有困难，如在所用的实验条件下丁胺吸附有可能未达到平衡。滴定法的前提是，在将少量丁胺加到催化剂在非极性溶剂的悬浮液中时，系统必须达到吸附平衡。在平衡

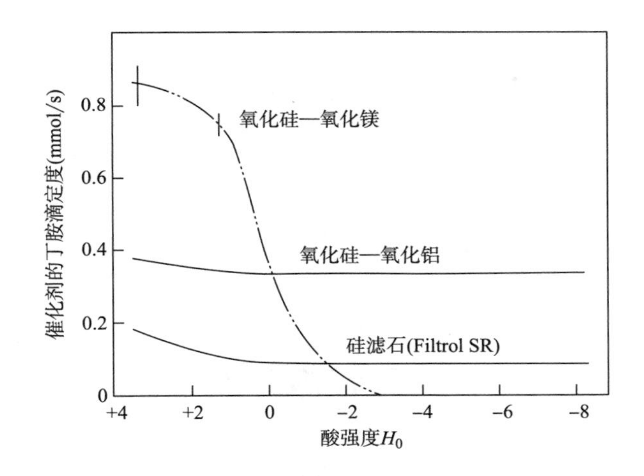

图 3–1　丁胺滴定度与 823K 焙烧裂解催化剂酸强度的关系

状态下，首先加入的丁胺应吸附在最强的酸位上，随后加入的丁胺则应吸附在次强酸位上。然而在实际操作中，部分丁胺分子先吸附在较弱的酸位上，这些分子最终转移到更强的酸位上，直到系统达到平衡。但在实验条件下，吸附并不是完全可逆的，有些分子有可能继续留在原先吸附的较弱酸位上。滴定法的第二个难点是终点不明显，尤其是当未质子化的指示剂是无色的，而质子化的指示剂是黄色的，如亚苯基乙酰苯（pK_a=−5.6）和蒽醌（pK_a=−8.2）。第三个难点是当表面上存在 Lewis 酸位时引起的不确定性。Lewis 酸位与指示剂之间相互作用无法确定，采用 H_0 表示 Lewis 酸位强度也是无意义的。第四个难点是大的指示剂分子不能进入微孔材料的孔隙，因而孔内的酸性无法估测。最后，此法不能用于有色样品。

虽然指示剂法存在这些困难，但还是可以将其用于定性地估测酸位强度。

为了测量强于 100% H_2SO_4 的酸位强度 (H_0=−11.93)。吉莱斯皮等提出了一套芳香族硝基化合物指示剂，列于表 3–2。所有这些硝基化合物质子化后红外吸附峰位于 300 ~ 380nm，处于 UV 区域，无法目测，必须使用光谱仪。

表 3–2　芳香族指示剂的 pK_a 值

指示剂	pK_a	指示剂	pK_a
对硝基甲苯	11.35	对氟硝基苯	12.44
间硝基甲苯	11.99	对氯硝基苯	12.70
硝基苯	12.14	间氯硝基苯	13.16

续表

指示剂	pK_a	指示剂	pK_a
2,4- 二硝基甲苯	13.75	2,4,6- 三氯苯	16.12
2,4- 二硝基氟苯	14.52	（2,4- 二硝基氟苯）H^+	17.35
2,4,6- 三硝基甲苯	15.60	（2,4,6- 三硝基甲苯）H^+	18.36
1,3,5- 三硝基苯	16.04		

第二节　氨程序升温脱附法

氨程序升温脱附法可以测量酸位数量和强度，但不能区分酸位类型 (Bronsted 或 Lewis)。方法的前提是当预吸附的样品在惰性气体中逐渐升温时，吸附在较强酸位上的氨分子在较高的温度下脱附。

图 3-2 为氨程序升温脱附（TPD）装置流程图。样品先在真空或惰性气体如 He 或 N_2 中高温预处理清洁表面。随后冷却至低温后暴露在氨气中，接着通过脱气或用惰性气体吹扫以去除物理吸附的氨。最后样品以固定的升温速率加热，并用质谱仪或热导检测仪（TCD）测定脱附的氨。将氨浓度与脱附温度作图得到 TPD 图。表 3-3 总结了氨 TPD 的标准实验条件。

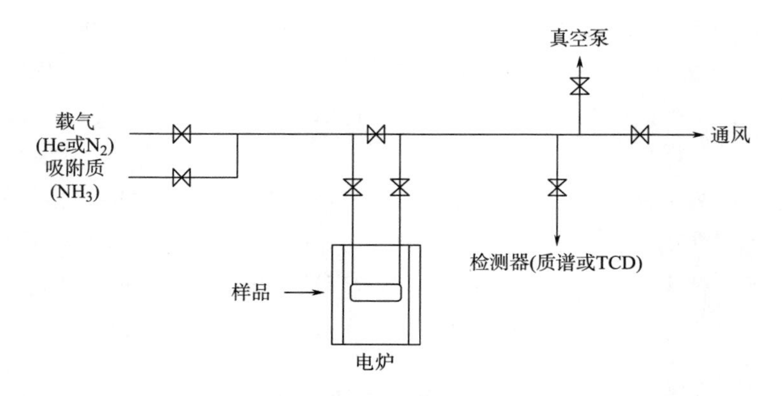

图 3-2　氨 TPD 装置流程图

H- 丝光沸石、H-ZSM-5 和 H-β 沸石的 TPD 图谱示于图 3-3。每一个样品的图谱有两个峰。高温峰归属于 Bronsted 酸位上吸附的氨，而低温峰归属于已吸附在 Bronsted 酸位上的 NH_4^+ 和离子交换位上的 Na^+ 吸附的氨。在这些样品中，

表 3-3　氨 TPD 的标准实验条件

样品量	0.1g
预处理	773K，真空或 He 气流中
氨吸附	373K，100Torr（1Torr=133.3Pa），30min
抽去过量氨	373K，30min
He 流速和压力	$60cm^3STP \cdot min^{-1}$，100Torr
样品池中压力	100Torr
升温情况	由 373K 至 873K，$10K \cdot min^{-1}$

低温峰主要归属于吸附在 NH_4^+ 上的氨，因为在 H 型沸石上已经无 NH_4^+。对部分 Na^+ 交换的沸石 (NaH- 沸石)，则低温峰很大，主要归属于吸附在 Na^+ 离子上的氨。

高温峰的面积代表酸位数量，而横坐标上的温度代表氨分子脱附的酸位强度。纵坐标与氨浓度成比例，氨浓度与氨脱附速率成比例。因此，由氨 TPD 得到的强度与脱附活化能有关，与吸附热非常接近。

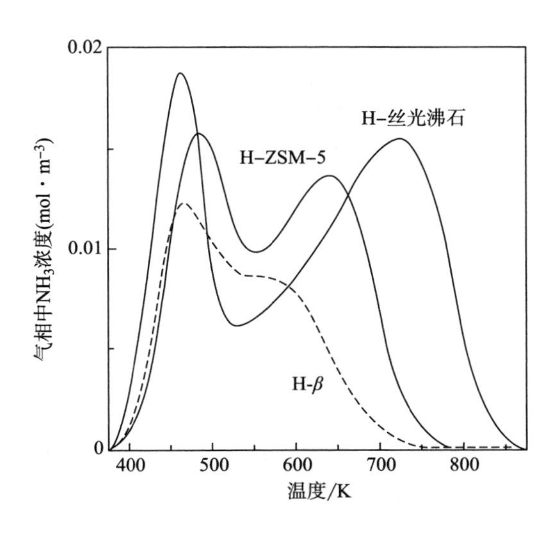

图 3-3　H- 丝光沸石、H-ZSM-5 和 H-β 沸石的 TPD 图

由 TPD 图上的峰尖温度（T_m）可以估测吸附热。T_m 随吸附热、升温速率、载气流速和表面覆盖度变化而变化。

茨韦塔诺维奇和阿梅诺尼亚在假定再吸附能自由发生的前提下推导出下式：

$$2\ln T_M - \ln\beta = \frac{\Delta H}{RT_M} + \ln\frac{(1-\theta_M)^2 V_s \Delta H}{FA^* R} \quad (3-1)$$

式中，T_M 为峰尖温度；β 为加热速度；V_s 为催化剂床中固相体积；ΔH 为吸附热；F 为载气流速；A^* 为 exp（$\Delta S/R$）；R 为常数。

由一系列改变加热速度的实验，可以得到吸附热的数值。式（3–1）中右面第二项几乎为常数，将（$2\ln T_M - \ln\beta$）对 $1/T_M$ 作图，由斜率可得到吸附热 ΔH。

尼瓦等提出了另一个不同形式的方程式：

$$\ln T_M - \ln\frac{A_0 W}{F} = \frac{\Delta H}{RT_M} + \ln\frac{\beta(1-\theta_M)^2(\Delta H - RT_M)}{P^0 \exp(\Delta S/R)} \quad (3-2)$$

式中，W 为催化剂重量；A_0 为单位重量催化剂的酸位数；F 为流速；θ_M 为 T_M 时的覆盖度；ΔS 为脱附的熵变；P^0 为压强。

式（3–2）中右面第二项几乎为常数。将（$\ln T_M - \ln A_0 W/F$）对 $1/T_M$ 作图，斜率即为吸附热 ΔH。

两种方程式为简化起见都采取了近似，但这些近似并不影响得到的ΔH数值。式（3–2）的优点之一是可以得到氨脱附的熵变 ΔS，所得到的 ΔS 几乎是一个常数，其数值为 95J·K^{-1}·mo1^{-1}，与沸石种类无关。此数值与液氨蒸发的 ΔS 值 97.2J·K^{-1}·mol^{-1} 十分接近。此发现被扩展到用一次氨 TPD 实验就可以测定酸位的数量、强度和分布。

将不同硅铝比的丝光沸石、镁碱沸石和 ZSM–5 的（$\ln T_M - \ln A_0 W/F$）对 $1/T_M$ 作图，得到的结果如图 3–4 所示。由图上的斜率得到了吸附热值，吸附热值的次序为丝光沸石＞镁碱沸石＞ ZSM–5。

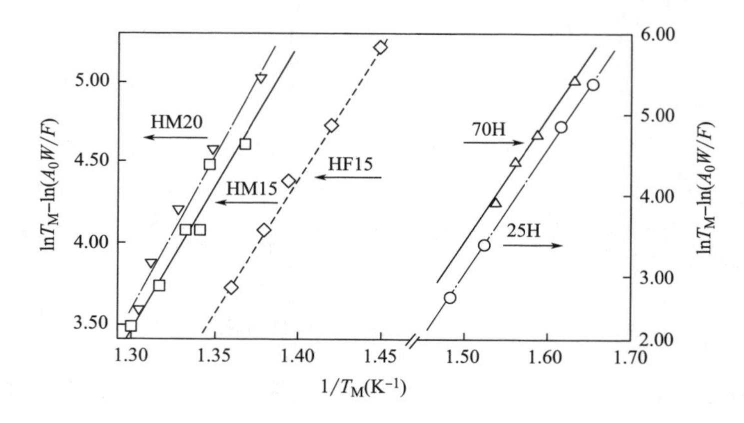

图 3–4　丝光沸石 (HMn)、镁碱沸石 (HFn) 和 ZSM–5(nH) 的 ΔH 测定（图中数字代表沸石氧化硅和氧化铝分子比）

铃木等用 TPD 测量氨吸附热 ΔH，同时用 IR 考察酸强度与羟基中 O—H 伸缩频率的关系。图 3–5 中将不同沸石的 ΔH 与—O—H 频率作图。发现位于十二元、十元和八元环上的羟基的频率与之间存在一种清晰的关系。假定羟基不受干扰，—O—H 频率越低，ΔH 值越高。具有十二元、十元和八元环的沸石中，酸强度次序为丝光沸石 > H–ZSM–5 ≈ H–β > H–Y。但六元环上的羟基与此关系有偏差，因为羟基受到沸石孔壁干扰 (H 与孔壁上的 O 原子键合)。

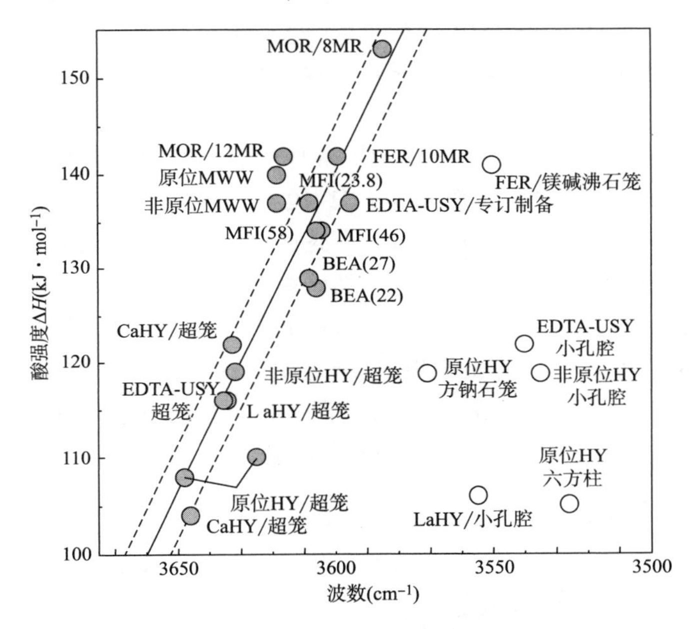

图 3–5　位于十二元、十元和八元环上羟基与位于六元环上羟基的酸强度和谱带位置图（图上的线条表示实验误差范围）

虽然氨 TPD 被广泛应用，但仍存在一些问题。吸附氨的位点并非全是酸位。固体碱，如 Al_2O_3、MgO 和 CaO 也可以吸附氨，它们的碱性位能由氨抽取一个 H^+ 形成 NH_2^-。在 TPD 测试时，若用氨为探针分子，必须检测氨的吸附态。

第三节　碱性分子吸附量热法

对碱性分子如胺的吸附进行测量热能给出酸位强度和数量的信息。强度以碱性分子的吸附热表示。氨是最常用的探针分子。

将微量量热计连接在一个具有能测量吸附量的灵敏压力计的容器上，可直接测量探针分子吸附过程中释放的热量。为了测量微量吸附热，将少量的探针分子（1 ~ 10μmol/g 催化剂）连续地提供给吸附质。已开发的量热计可分为三类：绝热的、等温的和热—流动的。测量酸性通常用热—流动型量热计。关于量热法方面的详细内容可参阅有关的综述。

一、氨

氨吸附在不同 Si/Al 比的丝光沸石上的量热结果如图 3-6 所示。从图中可看出，刚开始吸附氨时，H- 型丝光沸石的吸附热很高，达到约 170kJ · mol^{-1}，随着氨吸附量增加，吸附热先逐渐下降达到一个常数，最后突然下降形成明显的台阶。台阶出现的位置对应与丝光沸石中 Al 原子数相同的酸位数目。吸附热也下降到约 80kJ · mol^{-1}，与 Na 型丝光沸石 (M-10）上观察到的曲线相同。

吸附温度会影响量热结果。氨分子会先选择性地吸附在较强酸位上。理想情况下，应当在短时间内达到吸附平衡，然而在低温下吸附平衡有可能达不到，导致吸附在较弱酸位上或孔腔外的氨分子有可能未移动到较强酸位上或孔腔内酸位上。在这种情况下，就不能出现如图 3-6 上明显的吸附热台阶。对氨在 H- 丝光沸石上的量热测量，应当在高于 423K 的温度下进行。吸附的最低温度随固体酸类型而变化。对 H-ZSM-5 和八面沸石最低吸附温度是 373K。

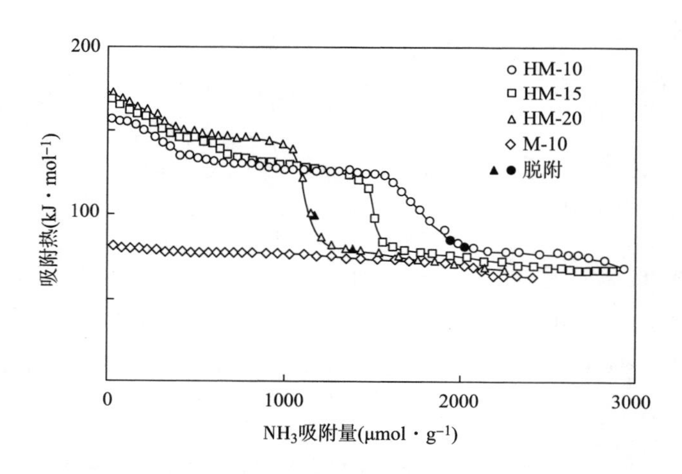

图 3-6　量热法测定的经 773K 抽空的不同丝光沸石在 473K 时的微分吸附热

二、其他碱性分子

除氨以外，其他碱性分子如丁胺、三甲胺和吡啶也能用于量热法。由于氨比其他分子碱性弱，使用氨以外的碱性分子可测量较弱的酸位。这些酸位与其他碱性分子的相互作用较强，因而释放的吸附热也比较高。

第四节　红外光谱法（IR）

一、吡啶吸附红外光谱

吡啶吸附红外光谱能明确区别 Bronsted 酸位和 Lewis 酸位，并可用于测量这些酸位的强度和数量。由吡啶离子 IR 谱带的位置可以区分 Bronsted 和 Lewis 酸位，Bronsted 酸位在 ~ 1540cm^{-1} 处，而 Lewis 酸位在 ~ 1450cm^{-1} 处。酸强度是由吡啶的脱附温度来表示的，而吡啶的脱附则由抽气或惰性气体吹扫完成。两类酸位的数量由与 Bronsted 酸位的吡啶（ ~ 1540cm^{-1}）和与 Lewis 酸位配位的吡啶（ ~ 1450cm^{-1}）的谱带强度估测。

二、氨吸附红外光谱

固体酸上氨的吸附形式有质子化的 (NH_4^+)、配位 NH_3 和氢键合 NH_3。氨在一些氧化物上以解离态 (NH_2 和 NH) 被吸附。这物种均能被 IR 检测。质子化的 NH_4^+ 谱带在 1450cm^{-1} 和 3130cm^{-1} 附近，配位的 NH_3 的谱带出现在 1250，1630 和 3330cm^{-1} 附近。鉴别这些谱带比较复杂，因为随着吸附剂类型变化谱带位置会发生位移，从而与表面上共存的羟基谱带重叠。1250cm^{-1} 附近的谱带是配位的 NH_3 的特征，但是对含 SiO_2 的样品很难观察到，因为样品本身在低于 1330cm^{-1} 处有强烈的骨架振动吸收峰。

须注意单用吡啶和氨吸附红外光谱测定质子化物种不能确定是否存在 Bronsted 酸位。酸—碱相互作用取决于所用碱的强度。一种不能使吡啶质子化的固体酸有可能使其他更强的碱，如哌呢和丁胺质子化。这种现象的确在 Al_2O_3 上出现过，通常根据吡啶吸附红外光谱认为 Al_2O_3 只有 Lewis 酸位，但丁胺或吡啶在 Al_2O_3 表面上可形成质子化物种。Al_2O_3 上的 Bronsted 酸位对质子化吡啶显得太弱，但是却能质子化丁胺。

三、CO 和 N_2 吸附红外光谱

CO 和 N_2 与酸性羟基（Bronsted 酸）和金属阳离子（Lewis 酸）存在弱相互作用，并能形成表面络合物。与羟基氢键连接的络合物如图 3-7 所示。CO 吸附时可能出现 A 和 B 型。经过量子化学计算 B 型稳定性不如 A 型。N_2 与羟基氢键连接成 C 型（端连型）。吸附以后 N_2 在红外光谱上显示出更大的活性。CO 和 N_2 吸附以

后的伸缩振动频率均向高频方向移动（蓝移）。

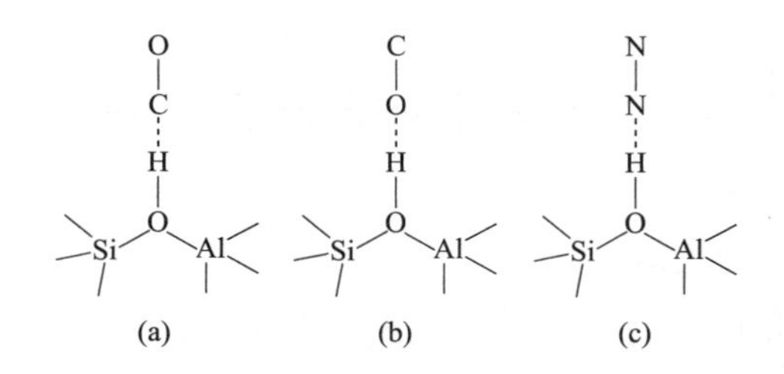

图 3-7　羟基与 CO 和 N_2 的相互作用

羟基 (Bronsted 酸位）和金属阳离子（Lewis 酸位）的酸强度反映在吸附的 CO 的 C—O 伸缩频率位移上和表面羟基的—O—H 伸缩频率位移上。例如，图 3-8 显示当 CO 在 86K 吸附经 923K 预处理的 H-ZSM-5 上时，—O—H 和 C—O 伸缩区的 IR 谱变化情况。CO 吸附前出现 3754cm^{-1}（硅羟基）和 3621cm^{-1}（酸性骨架羟基）两个谱带。通入 CO 后，3621cm^{-1} 谱带逐渐下降，而在 3317cm^{-1} 处一个新谱带不断增长。与此同时，在 2177cm^{-1} 处的 C—O 伸缩谱带也不断增长，其频率比气相中的频率 2143cm^{-1} 要高 34cm^{-1}。但 3754cm^{-1}（硅羟基）不受引入 CO 的影响。

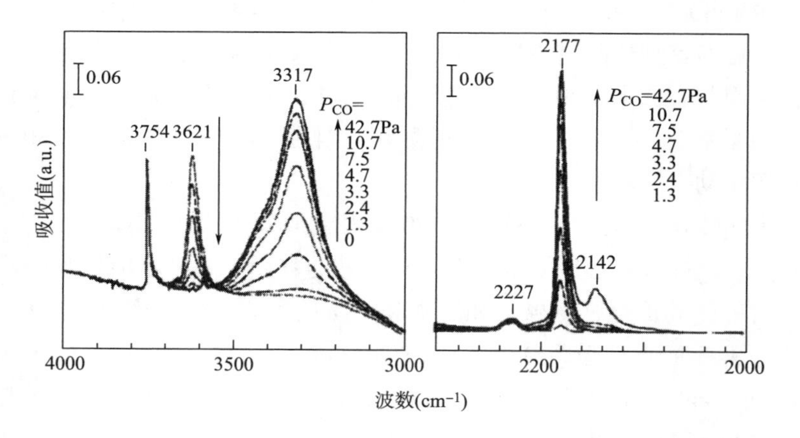

图 3-8　CO 吸附在 H-ZSM-5 上的 IR 谱

不同探针分子的—O—H 伸缩频率差别是由探针分子与质子的亲和力引起的。与质子的亲和力越强，—O—H 伸缩频率位移越大。质子亲和力次序为 N_2（494kJ·mol^{-1}）≈ Xe（496kJ·mol^{-1}）> O_2（422kJ·mol^{-1}）> Ar（371kJ·mol^{-1}）。由于分子体积小且质子亲和力强，N_2 是适合测量—O—H 酸强度的探针分子。

根据 N_2 吸附后引起的—O—H 振动谱带位移可区分 CoAPO-18[Co/(Co+Al+P)=

0.02] 的两类羟基。CoAPO-18 有两类羟基，一种是孤立的 P—OH（伸缩振动 $3681cm^{-1}$，弯曲振动 $956cm^{-1}$），另一种为桥式 Co—(OH)—P（伸缩振动 $3573cm^{-1}$，弯曲振动 $905cm^{-1}$）。在 77K 时通入 N_2，孤立的 P—OH 伸缩频率降低 $70cm^{-1}$，而桥式 Co—(OH)—P 降低 $110cm^{-1}$，表明桥式羟基比孤立的 P—OH 强。N_2 吸附引起的弯曲振动位移也是如此，不过位移是向高频方向。孤立的 P—OH 弯曲振动向高频方向位移 $14cm^{-1}$，而桥式 OH 位移 $24cm^{-1}$。

吸附 CO 和 N_2 后 OH 基团的 IR 谱对酸位强度能给出有价值的信息，尤其是 Bronsted 酸位，然而，涉及相互作用很弱的分子的表面吸附必须在 77 ~ 100K 这样的低温下进行，需要用到比较特殊的低温 IR 样品池，也是上述方法的一个缺点。

第四章　固体酸催化剂的性能和常见固体酸催化剂

第一节　酸和碱的定义

对均相中的酸和碱有多种定义，其中对固体表面酸—碱化学最重要的是 Bronsted—Lowry 和 Lewis 定义。

Bronsted—Lowry 定义中酸（AH) 表示给出一个质子，而碱 (B^-）则接受一个质子。

$$AH+B^- \longrightarrow A^-+BH$$

在逆反应中，BH 是一种酸，而 A^- 是一种碱。AH 和 A^- 被称为共轭酸—碱对。同样，BH 和 B 也是共轭对。符合此定义的酸和碱被称为 Bronsted 酸和 Bronsted 碱。

在 Lewis 的定义中碱 (B）给出孤对电子，而酸（A）则接受孤对电子。

$$A+:B \longrightarrow A:B$$

符合此定义的酸和碱被称为 Lewis 酸和 Lewis 碱。下面的反应中 NH_3 是 Lewis 碱，而 BF_3 是 Lewis 酸。

$$BF_3+:NH_3 \longrightarrow F_3B:NH_3$$

一个碱分子，如 NH_3 可以是一种 Bronsted 碱，也可以是一种 Lewis 碱（形成 $F_3B:NH_3$），取决于与其结合的酸分子性质。

皮尔逊根据化学性质如反应速率和化学平衡将 Lewis 酸归为三类：硬酸、软酸和交界酸。同样地，Lewis 碱也归为硬碱、软碱和交界碱三类。硬酸的体积小，正电性强，在价键中不含未共用电子对。它们有高电负性和低极化率。软酸通常有大体积的受体原子，正电性弱，并含有未共用的电子对。硬酸有 H^+、Na^+、Mg^{2+}、Ti^{4+} 和 $AlCl_3$，软酸有 Ag^+、Pd^{2+} 和 $GaCl_3$。交界酸有 Fe^{3+}、Cu^{2+} 和 Zn^{2+}。

皮尔逊总结的规则为硬酸优先与硬碱结合，而软酸则优先与软碱结合 (HSAB 原理）。虽然 HSAB 原理是定性的，对寻找其潜在的理论原因也曾经有过各种建议。

第二节　固体酸

Bronsted 酸和 Lewis 酸的定义也适用于固体酸。当一个表面位具有质子给予性能，被称为 Bronsted 酸位；而当一个表面位具有接受电子对的性能，则被称为 Lewis 酸位。拥有 Bronsted 酸位或 Lewis 酸位的固体就称为固体酸。与此相对应，拥有 Bronsted 碱位或 Lewis 碱位的固体就称为固体碱。显然，同一个位点可以作为质子接受体 (Bronsted 碱)，也可以作为电子对给予体（Lewis 碱)。

一、Bronsted 酸位产生方式

最简单的 Bronsted 酸是固体状态的酸。典型的例子是杂多酸，如 $H_3PW_{12}O_{40}$。杂多酸也能以负载的状态被应用，如硫酸和苯磺酸。截留在氧化硅中的固体磷酸是一种重要的工业催化剂。在工作条件下这种酸可能处于凝聚状态，如焦磷酸。负载在氧化硅上的 $HClO_4$ 常被用于各种有机合成。

典型的阳离子交换树脂是苯乙烯—二乙烯基苯共聚物，其中的苯基被磺化，因而其酸性位是苯磺酸。

Nafion 树脂是四氟乙烯和全氟 –2–（氟磺酰乙氧基）丙基乙烯基醚的共聚物。其中的氟磺酰基被水解以后，生成强酸性的端基—$CF_2CF_2SO_3H$。这种树脂的酸强度比普通的阳离子交换树脂要高得多。

Nafion 树脂的缺点是比表面很小（$0.02m^2/g$）。为了弥补此缺点，开发了一种高比表面（$200m^2/g$）的 Nafion 树脂—氧化硅纳米复合材料。在这种纳米复合材料中，Nafion 树脂的纳米粒子陷于多孔氧化硅网络中，增加了酸性基团的可接近性。对离子交换树脂、全氟化树脂和 Nafion 树脂—氧化硅复合材料将进行详细介绍。

带有磺酸基的无定形碳材料是活性很好的固体酸。这类材料先由天然有机化合物如糖、纤维素和淀粉部分碳化，再将得到的无定形碳酸化制成。它们拥有大量的亲水分子，因而对许多反应包括纤维素水解具有活性。

一些金属氧化物如 Nb_2O_5、WO_3 和 Al_2O_3 表面上有酸性羟基。金属氧化物表面上的羟基有可能是金属氢氧化物脱水后留下的残余羟基，也可能是金属氧化物与水反应后产生的。因而酸性羟基的数量主要取决于氧化物的焙烧温度。

金属氧化物通常以负载的形式被应用。最常用的载体是硅胶、氧化铝、氧化钛和氧化锗。负载于载体上可增加比表面积，与此同时还可以改变酸性质。酸

性质还与焙烧温度、负载量等有关。已知负载在氧化钡上的氧化锗具有非常强的酸性。

混合氧化物也有酸性羟基。托马斯对 SiO_2—$A1_2O_3$ 提出了一个模型，在富氧的 SiO_2 混合氧化物中，SiO_2 中的 Si^{4+} 被 Al^{3+} 阳离子同晶取代。为了补偿加入 Al^{3+} 引起的电荷不平衡，质子留在了表面上。实际上这些质子与氧阴离子相连结形成了羟基。

沸石是一种无机离子交换剂，也是一种硅铝酸盐。它的 Bronsted 酸性来历，也可以用类似 SiO_2—Al_2O_3 模型来解释。这种 Bronsted 酸位产生的方式也应用于磷铝酸盐和天然黏土，如蒙脱土。

在沸石或金属杂多酸盐中，金属阳离子能使水解离：

$$M^{n+}+H_2O \longrightarrow [M(OH)]^{(n-1)+}+H^+$$

其中，M^{n+} 是多价金属阳离子，如 Mg^{2+}，Al^{3+} 和 La^{3+}，产生的质子被表面上的阴离子捕获，形成酸性羟基。

表面上的金属阳离子被氢还原也能产生质子：

$$M^{n+}+n/2H_2 \longrightarrow M+nH^+$$

其中，M^{n+} 是金属阳离子，如 Cu^{2+} 和 Ag^+。在 Cu^{2+} 和 Ag^+ 离子交换的沸石和 Ag^+ 的杂多酸盐中能观察到这种酸位产生方式。

当过渡金属（Pt、Pd）负载在杂多酸或硫酸氧化锗上时，氢发生解离，而溢出氢转变成质子。

有些金属有机骨架具有羟基，也能表现为 Bronsted 酸位。

二、Lewis 酸位产生方式

表面 Lewis 酸位通常是配位不饱和的金属阳离子。当金属氧化物表面羟基或吸附的二氧化碳因高温焙烧或真空加热消去后，暴露的金属离子就成为 Lewis 酸位。金属阳离子（Al、Sn、Ti）可起 Lewis 酸位作用。

这些金属阳离子可组装在沸石或介孔氧化硅材料结构内。如含 Sn 的 β– 沸石与香茅醛异构形成的异胡薄荷醇具有活性。五价离子 Nb^{5+} 和 Ta^{5+} 也可用作 Lewis 酸位。XANES 和 EXAFS 研究结果表明，在 β– 沸石中的 Nb^{5+}Lewis 酸中心能与一个水分子配位，使配位层由四配位扩张至五配位。

金属化合物负载到表面上可产生 Lewis 酸位。例如，金属醇盐（Al、Zr）或氯化物（Al、Sn）与介孔氧化硅的羟基反应后，在多酸化合物表面上形成暴露的金属阳离子。这些阳离子是密尔温—彭杜夫—魏雷还原反应的有效催化剂。

金属有机骨架中的金属中心在催化反应中能起 Lewis 酸中心的作用。例如

$[Cu_3(BTC)_2]$(BTC 为苯 –1,3,5– 三碳酸盐）中的 Cu^{2+} 离子对多种 Lewis 酸催化反应具有活性，如在香茅醛异构化成异胡薄荷醇、苯甲醛的硅腈化和液相中醛合成反应中。

三、Bronsted 和 Lewis 酸位的鉴别

氨吸附的红外光谱也能用于检测 Bronsted 和 Lewis 酸位。一氧化碳被金属阳离子吸附后在 2150 ~ 2240cm^{-1} 处出现谱带，由谱带的位置可度量 Lewis 酸强度。氘代乙腈 (CD_3CN）的吸附也可用于区分 Bronsted 和 Lewis 酸位。

采用以三烷基膦和三烷基膦氧化物为探针分子的 ^{31}P MAS NMR 和 CP/MAS NMR 也能区分 Bronsted 和 Lewis 酸位。三甲基膦与 Y 沸石中的 Bronsted 酸位作用，形成 $(CH_3)_3PH$ 加合物，其 ^{31}P 的化学位移出现在约 3ppm（$1ppm=1\times10^{-6}$）处，并给出 ~ 550Hz 的耦合常数。另外，三甲基膦 –Lewis 酸位加合物的 ^{31}P 的谱带出现在 –58 ~ –32ppm 的高场处。通过监测吸附更稳定的三甲基膦氧化物的 ^{31}P MAS NMR 谱可直接地定量测定 Lewis 酸位。

各种探针反应也能用于区分 Bronsted 和 Lewis 酸位。例如，2– 溴苯基乙基酮和乙烯缩醛的反应可提供 Bronsted 和 Lewis 酸位的相对数目以及 Lewis 酸位的软硬度信息。

第三节　酸强度

一、均相中 H_0 酸性函数的定义

在许多情况下，固体酸是以溶液酸碱化学提出的概念为基础的。这里有必要简要地介绍一下酸性函数的定义，因为它是溶液酸性最重要的概念之一。

哈米特提出一种最方便的度量酸性的方法是测定酸性溶液里中性碱指示剂的质子化程度：

$$B+H^+ \longrightarrow BH$$

哈米特以方程式来定义酸性函数，并建议 H_0 可以作为溶液酸性的定量指标：

$$H_0 = pK_{BH^+} - \lg\left(\frac{C_{BH^+}}{C_B}\right)$$

式中，pK_{BH^+} 为 BH^+ 的酸解离常数，BH^+ 为 B 的共轭酸，C_{BH^+}、C_B 是 BH^+、B 的浓度。

要测定一种溶液的 H_0 值，必须准确地测量 B 和 BH^+ 的浓度。当溶质 B 的一半在溶液中被质子化时，即 $[B]=[BH^+]$，溶液的 H_0 值等于 BH^+，即 pK_a 值。

溶液的酸强度由已知 $pK_{BH}+$ 值的 B 分子作为指示剂进行测定。通常 $[BH^+]/[B]$ 浓度比由分光光度法测定。用此法测定了各种酸溶液的 H_0 值。H_0 值降低表示酸强度增加。

必须注意酸性函数 H_0 表示的是“溶液”的性质，而不是个别的分子如 H_2SO_4 和 CH_3COOH 的性质。显然，酸性函数 H_0 只与溶剂有关。

二、固体表面酸位的 H_0 尺度

H_0 酸性函数的概念也用于推测固体表面酸性位的酸强度。

假定指示剂 B 的分子与表面酸性位 AH^+ 作用：

$$B+AH^+ \longrightarrow BH^++A$$

酸性位 AH^+ 的 H_0 值定义为：

$$H_0 = pK_{BH^+} - \lg\left(\frac{[BH^+]_S}{[B]_S}\right)$$

式中，$[B]_s$ 和 $[BH^+]_s$ 分别为 B 和 BH^+ 的表面浓度。H_0 值与任何特定的指示剂无关。从溶液中吸附指示剂 B 后，当 $[BH^+]_S/[B]_S > 1$ 时固体表面显示 BH^+ 的颜色，当 $[BH+]_s/[B]_s=1$ 时，固体表面显示 B 的颜色。

当 $[BH^+]_s/[B]_s=1$ 时，固体表面酸性位的 H_0 值等于质子化指示剂 BH 的 pK 时值

$$H_0=pK_{BH^+}$$

由于实验中测定 H_0 比较困难，因而酸性位的 H_0 值是由显示表面共轭酸 BH^+ 颜色的指示剂的最小 pK_{BH^+} 值决定的。例如，当一种固体吸附亚苯基乙酰苯（$pK_{BH^+}=-5.6$）后呈黄色，而吸附蒽醌（$pK_{BH^+}=-8.2$）后不变色，则该固体的 H_0 值在 −8.2 ~ −5.6 之间。

酸性函数原来是指一种水溶液的质子给予 / 接受能力，而不是代表个别分子或离子的性质。然而，当这个概念用到固体酸—碱化学时，酸性强度代表的是个别酸性位的性质。固体酸的酸性包含两个内容，即酸性位的数目及其强度 (H_0)。这意味着每个酸位在吸附和催化过程中是独立行动的。不过这并不一直正确。例如，磺酸树脂的催化活性往往是其磺酸基团数的 4 ~ 5 倍。此外，沸石表面羟基 (Bronsted 酸位）与邻近的 Lewis 酸位相互作用可提高烃类转化反应的催化活性。

酸性位的不均匀性是另一个复杂因素。表面是非均一的，有可能存在几种 Bronsted 酸位。酸性位的数目随所用指示剂不同而变化，此现象可用于测定不同

强度的酸位分布。

酸性函数 H_0 是以 Bronsted 酸—碱化学为基础的，但不能用于测定 Lewis 酸位的酸强度，虽然有时也能观察到指示剂变色，但指示剂变色也有可能是其他类型的表面相互作用引起的，如电荷转移。

三、表面酸位的酸强度测定

指示剂法虽然可给出表面酸位酸强度的信息，但存在上述的各种缺点，因此最好有直接测量酸强度的方法。用光谱学方法研究固体酸催化剂可提供酸位性质的信息。

表面羟基的 H MAS NMR 谱的化学位移和红外光谱的谱带位置可用于测量 Bronsted 酸位强度。

测定酸位数目和酸强度往往需要用碱性探针分子。最常用的典型探针分子为氨、吡啶、烷基胺和一氧化碳。

吸附—脱附现象是测定酸性位数目和强度比较方便的方法。通常将吸附的碱性探针分子数量定为酸位数目，但探针分子数量会随吸附温度和实验条件变化。碱性探针分子的程序升温脱附除了酸位数目还能提供酸强度的信息。当探针分子吸附在表面上时，仅在高温下才能脱附。氨是 TPD 技术最常用的探针分子。

吸附热也是衡量酸强度的一种指标。较高的吸附热表示固体表面与探针碱分子相互作用较强，即酸强度较高。吸附热可用微量量热法直接测定，也可以用克劳修斯—克拉佩龙方程式处理吸附等温线来测定。

用谱学方法研究吸附的探针分子是测量固体酸酸性质最有用和最直接的方法。固体表面上的羟基能与强碱性探针分子发生作用。吸附氨和吡啶后，—O—H 谱带消失。吸附弱碱性或中性分子如 CO 和氮后，可观察到羟基伸缩带发生位移，因为形成了氢键。伸缩带的位移量与羟基的 Bronsted 酸强度密切相关。

氨和吡啶吸附的红外光谱也能用于测量 Lewis 酸位酸性强度。吡啶（8a）和氨的谱带吸附后也会发生位移，随着 Lewis 酸位强度增加，8a 带不断地上移，氨吸附也有类似的现象。除了吡啶和氨吸附在金属氧化物上的伸缩带可度量金属阳离子的 Lewis 酸位。但是，CO 的伸缩频率不能用于度量过渡金属阳离子的 Lewis 酸性，因为金属对 CO 的反馈性严重地影响了谱带的位置。

第四节　羧酸

羧酸是许多有机物氧化的最后产物，它在自然界普遍以酯的形式存在，在工业、农业、医药和人们的日常生活中有着广泛的应用。羧酸可看成是烃分子中的氢原子被羧基（—COOH）取代而生成的化合物，其通式为 RCOOH，羧酸的官能团是羧基。甲酸、脂肪羧酸、芳香羧酸可表示为：

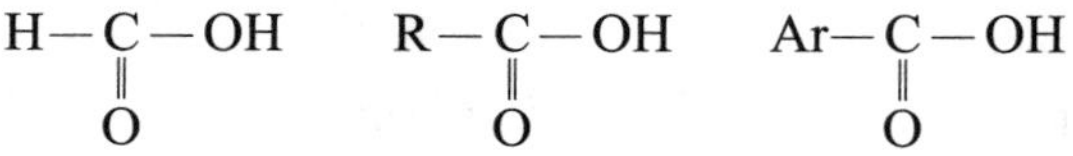

$$H-\underset{\underset{O}{\|}}{C}-OH \qquad R-\underset{\underset{O}{\|}}{C}-OH \qquad Ar-\underset{\underset{O}{\|}}{C}-OH$$

一、羧酸的结构

羧酸的结构如下：

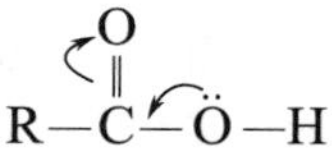

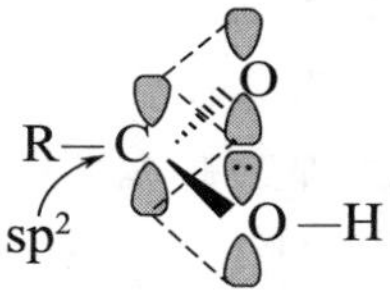

$$R-\overset{\overset{O}{\|}}{C}-\ddot{O}-H$$

R—C　sp²　O　O—H

p—π共轭

形式上看，羧基由羰基和羟基组成。羟基氧原子的未共用电子对所占据的 p 轨道和羰基的 π 键形成 p—π 共轭。羟基氧上电子云密度有所降低，羰基碳上电子云密度有所升高。因此，羧酸中羰基对亲核试剂的活性降低，不利于 HCN 等亲核试剂反应。

二、羧酸的分类和命名

1．羧酸的分类

根据分子中烃基的结构，可把羧酸分为脂肪羧酸（饱和脂肪羧酸和不饱和脂肪羧酸）、脂环羧酸（饱和脂环羧酸和不饱和脂环羧酸）、芳香羧酸等；根据分子中羧基的数目，又可把羧酸分为一元羧酸、二元羧酸、多元羧酸等，如：

一元羧酸
- 脂肪羧酸：　$CH_3CH_2CH_2COOH$　$CH_3-CH=CH-COOH$
- 脂环羧酸：　（环己基）—COOH　（环己烯基）—COOH
- 芳香羧酸：　（苯基）—COOH

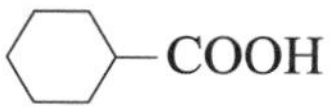

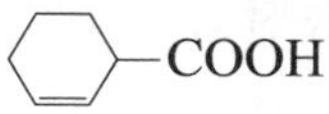

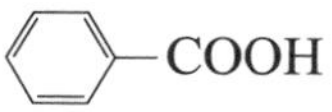

二元羧酸：HOOC—COOH　(HOOC)HC=CH(COOH)　邻苯二甲酸（苯环-COOH，-COOH）

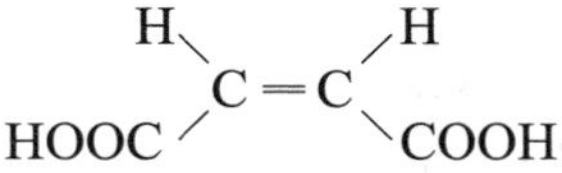

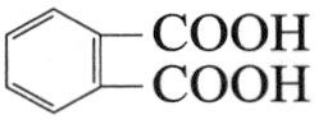

多元羧酸：
CH_2COOH
|
CHCOOH
|
CH_2COOH

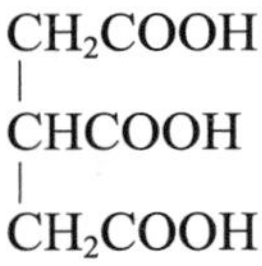

2. 羧酸的命名

羧酸的命名方法有俗名和系统命名两种。

俗名是根据羧酸的最初来源命名的。本节中，括号内的名称即为该羧酸的俗名。

脂肪族一元羧酸的系统命名方法，即首先选择含有羟基的最长碳链作为主链，根据主链的碳原子数称为“某酸”。从含有羟基的一端编号，用阿拉伯数字或用希腊字母（α、β、γ、…）表示取代基的位置，将取代基的位次及名称写在主链名称之前。

脂肪族二元羧酸的系统命名是选择包含两个羟基的最长碳链作为主链，根据碳原子数称为“某二酸”，把取代基的位置和名称写在“某二酸”之前。

不饱和脂肪羧酸的系统命名是选择含有不饱和键和羧基的最长碳链作为主链，根据碳原子数称为“某烯酸”或“某炔酸”，把不饱和键的位置写在“某”字之前，如：

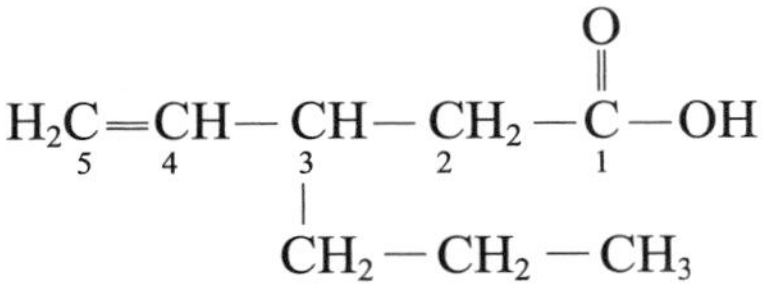

$H_2\underset{5}{C}=\underset{4}{C}H-\underset{3}{C}H(CH_2-CH_2-CH_3)-\underset{2}{C}H_2-\underset{1}{C}(=O)-OH$

3-丙基-4-戊烯酸

$CH_2=CHCOOH$

丙烯酸

$CH_3-CH=CH-COOH$

2-丁烯酸(巴豆酸)

芳香羧酸和脂环羧酸的系统命名一般把环作为取代基，如：

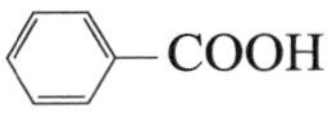

C_6H_5-COOH

苯甲酸(安息香酸)

$C_6H_5-CH(CH_3)-CH_2-COOH$

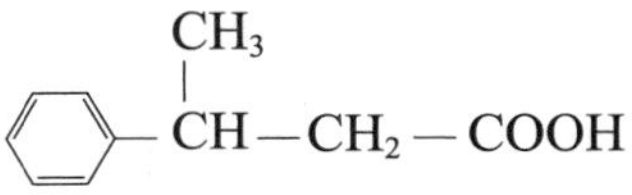

3-苯基丁酸或β-苯基丁酸

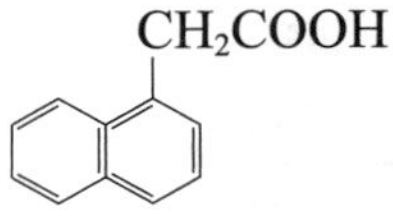

（萘环1位）$-CH_2COOH$

1-萘乙酸或α-萘乙酸

（苯环邻位）-COOH，-OH

邻羟基苯甲酸(水杨酸)

$C_6H_5-CH=CH-COOH$

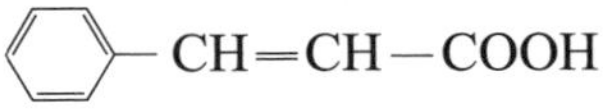

3-苯基丙烯酸(肉桂酸)

（环戊基）-COOH

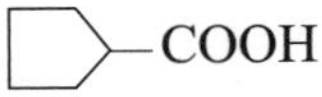

环戊基甲酸

三、羧酸的物理性质

羧基是极性较强的亲水基团，其与水分子间的缔合比醇与水的缔合强，所以羧酸在水中的溶解度比相应的醇大。甲酸、乙酸、丙酸、丁酸与水混溶。随着羧酸分子质量的增大，其疏水烃基的比例增大，导致对应羧酸在水中的溶解度迅速降低。高级脂肪羧酸不溶于水，而易溶于乙醇、乙醚等有机溶剂。芳香羧酸在水中的溶解度都很小。

羧酸的沸点随分子质量的增大而逐渐升高，并且比分子质量相近的烷烃、卤代烃、醇、醛、酮的沸点高。这是由于羧基是强极性基团，羧酸分子间的氢键（键能约为 14kJ/mol）比醇羟基间的氢键（键能为 5 ~ 7kJ/mol）更强。分子质量较小的羧酸，如甲酸、乙酸，即使在气态时也以双分子二缔体的形式存在：

$$CH_3-C\begin{matrix}\nearrow O\cdots H-O\searrow \\ \searrow O-H\cdots O\nearrow\end{matrix}C-CH_3$$

室温下，10 个碳原子以下的饱和一元脂肪羧酸是有刺激气味的液体，10 个碳原子以上的是蜡状固体。饱和二元脂肪羧酸和芳香羧酸在室温下都是结晶状固体。

直链饱和一元羧酸的熔点随分子质量的增加而呈锯齿状变化，偶数碳原子的羧酸比相邻两个奇数碳原子的羧酸熔点都高，这是由于含偶数碳原子的羧酸碳链对称性比含奇数碳原子羧酸的碳链对称性好，在晶格中排列较紧密，分子间作用力大，需要较高的温度才能将它们彼此分开，故熔点较高。常见羧酸的物理常数见表 4–1。

表 4–1　常见羧酸的物理常数

名称	熔点（℃）	沸点（℃）	溶解度（g/100g 水）	pK_{a1}	pK_{a2}
甲酸	8.4	100.5	任意比互溶	3.77	
乙酸	16.6	118	任意比互溶	4.76	
丙酸	–22	141	任意比互溶	4.88	
正丁酸	–6	163	3.7	4.82	
正戊酸	–34	187	0.97	4.81	
正己酸	–3	205	不溶	4.84	
软脂酸	63	271.5	不溶	—	
硬脂酸	70	291.5	不溶	—	
苯甲酸	122	250.0	0.34	4.17	
苯乙酸	78	265.5	1.66	4.31	

续表

名称	熔点（℃）	沸点（℃）	溶解度（g/100g 水）	pK_{a1}	pK_{a2}
乙二酸	189	> 100	8.6	1.46	4.40
丙二酸	136	—	73.5	2.80	5.85
顺丁烯二酸	130	135	79	1.90	6.50
反丁烯二酸	302	200	0.7	3.00	4.50
邻苯二甲酸	213	191	0.7	2.93	5.28
间苯二甲酸	248		0.01	3.62	4.46
对苯二甲酸	300	> 300	0.002	3.54	4.82

四、羧酸的化学性质

羧酸是由羟基和羰基组成的，由于共轭作用，使得羧基不是羰基和羟基的简单加和，所以羧基中既不存在典型的羰基，也不存在典型的羟基，而是两者互相影响的统一体。

1. 酸性

羧酸具有弱酸性，在水溶液中存在着如下平衡：

$$RCOOH \rightleftharpoons RCOO^{-}+H^{+}$$

羧酸分子中，由于羰基的 π 键与羟基氧上的未共用电子对形成了 p—π 共轭体系，使得羟基的极性增加，与水分子和醇分子中的羟基相比，羧酸分子中羟基的氢更容易以 H^{+} 形式离解，生成羧酸根负离子（$RCOO^{-}$）。因此，羧酸的酸性比水和醇强得多。

但与硫酸、盐酸等无机酸相比，一般的羧酸都是弱酸。羧酸在水中只部分电离，如 1mol/L 的醋酸水溶液在室温下只有 1% 的醋酸离解成氢离子和醋酸根离子。

羧酸酸性较强的原因，一方面如上所述，与水分子和醇相比，羧酸分子中羧基上氢更容易电离；另一方面，羧酸根中负电荷平均分布在羟基的三个原子上，有助于降低氢氧间电子云密度，从而增加了羧酸根负离子的稳定性。

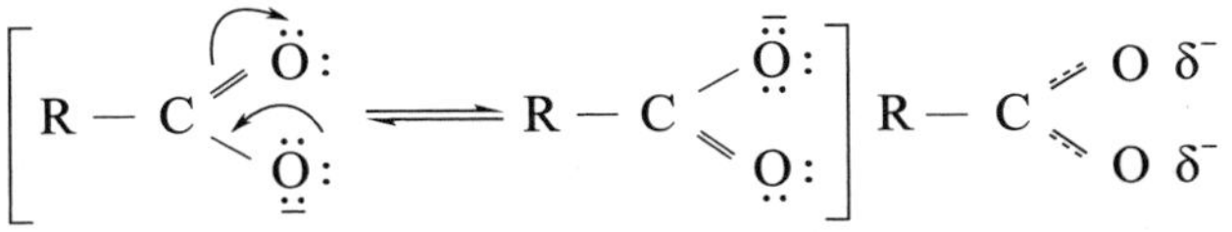

$$\left[R-C\begin{matrix} \nearrow \ddot{O}: \\ \searrow \ddot{O}:^{-} \end{matrix} \rightleftharpoons R-C\begin{matrix} \nearrow \ddot{O}:^{-} \\ \searrow \ddot{O}: \end{matrix} \right] \quad R-C\begin{matrix} \nearrow O\ \delta^{-} \\ \searrow O\ \delta^{-} \end{matrix}$$

由于羧酸能离解出氢离子，所以能与金属氧化物、氢氧化物等成盐；而且羧酸的酸性比碳酸强，因此能与碳酸盐（或碳酸氢盐）作用形成羧酸盐并放出二氧化碳：

$$RCOOH+MgO \longrightarrow (RCOO)_2Mg+H_2O$$

$$RCOOH+NaOH \longrightarrow RCOONa+H_2O$$

$$2RCOOH+NaCO_3 \longrightarrow 2RCOONa+CO_2+H_2O$$

此性质可用于醇、酚、酸的鉴别和分离，不溶于水的羧酸既溶于 NaOH 也溶于 $NaHCO_3$，不溶于水的酚能溶于 NaOH 不溶于 $NaHCO_3$，不溶于水的醇既不溶于 NaOH 也不溶于 $NaHCO_3$。

影响羧酸酸性的因素很多，一般而言，羧酸根负离子越稳定，相应羧酸的酸性也越强。当吸电子基团与羧基直接或间接相连，能增加羧酸负离子的电荷分散度和稳定性，从而使羧酸的酸性增加。吸电子效应越强或烃基上的吸电子基团越多，酸性也越强。这里主要讨论电子效应和空间效应。

（1）电子效应对酸性的影响。

①诱导效应。

a. 吸电子基的诱导效应使酸性增强。

b. 给电子基的诱导效应使酸性减弱。

c. 吸电子基增多酸性增强。

d. 吸电子基的位置距羧基越远，酸性越小。

②共轭效应。当羧基能与其他基团共轭时，则酸性增强。

（2）取代基位置对苯甲酸酸性的影响。取代苯甲酸的酸性与取代基的位置、共轭效应与诱导效应的同时存在和影响有关，还有场效应的影响，情况比较复杂。可大致归纳三点：

①邻位取代的苯甲酸（氨基除外）都使苯甲酸的酸性增强（位阻作用破坏了羧基与苯环的共轭）。

②间位取代的苯甲酸，取代基是给电子基团时，酸性减弱；取代基是吸电子基团时，酸性增强（对酸性的影响不如邻、对位明显，共轭效应受阻，主要是诱导效应）。

③对位取代的苯甲酸，对位上是给电子基团时，酸性减弱；对位上是吸电子基团时，酸性增强（主要是共轭效应，诱导效应极弱）。

2. 羧基上的羟基的取代反应

羧基上的羟基作为一个基团，可被羧酸根、卤素、烷氧基或氨基取代，生成酸酐、酰卤、酯或酰胺等羧酸的衍生物：

$$\underset{\text{酸酐}}{R-\overset{\overset{\displaystyle O}{\|}}{C}-O-\overset{\overset{\displaystyle O}{\|}}{C}-R'}\qquad \underset{\text{酰卤}}{R-\overset{\overset{\displaystyle O}{\|}}{C}-X}\qquad \underset{\text{酯}}{R-\overset{\overset{\displaystyle O}{\|}}{C}-OR'}\qquad \underset{\text{酰胺}}{R-\overset{\overset{\displaystyle O}{\|}}{C}-NH_2}$$

（1）酸酐的生成。羧酸在脱水剂（如五氧化二磷 P_2O_5）作用下加热，脱水生成酸酐：

$$2\,R-\overset{\overset{\displaystyle O}{\|}}{C}-OH \xrightarrow[\triangle]{P_2O_5} (R-\overset{\overset{\displaystyle O}{\|}}{C})_2O + H_2O$$

因乙酐能较迅速地与水反应，且价格便宜，生成的乙酸又易除去，因此，常用乙酐作为制备酸酐的脱水剂。

（2）酰卤的生成。羧酸与三卤化磷、五卤化磷或亚硫酰氯（$SOCl_2$）等反应，羧基中的羟基可被卤素取代生成酰卤：

$$R-\overset{\overset{\displaystyle O}{\|}}{C}-OH + PCl_3 \xrightarrow{\triangle} R-\overset{\overset{\displaystyle O}{\|}}{C}-Cl + H_3PO_3$$

$$R-\overset{\overset{\displaystyle O}{\|}}{C}-OH + PCl_5 \xrightarrow{\triangle} R-\overset{\overset{\displaystyle O}{\|}}{C}-Cl + POCl_3 + HCl\uparrow$$

$$R-\overset{\overset{\displaystyle O}{\|}}{C}-OH + SOCl_2 \longrightarrow R-\overset{\overset{\displaystyle O}{\|}}{C}-Cl + SO_2\uparrow + HCl\uparrow$$

$SOCl_2$ 作卤化剂时，副产物都是气体，容易与酰氯分离。

（3）酯的生成。羧酸和醇在无机酸的催化下共热，失去一分子水形成酯。

羧酸与醇作用生成酯的反应称为酯化反应。酯化反应是可逆的，欲提高产率，必须增大某一反应物的用量或降低生成物的浓度，使平衡向生成酯的方向移动。

如用同位素 ^{18}O 标记的醇酯化，反应完成后，^{18}O 在酯分子中而不是在水分子中。这说明酯化反应生成的水是醇羟基中的氢与羧基中的羟基结合而成的，即羧酸发生了酰氧键的断裂，如：

$$CH_3-\overset{\overset{\displaystyle O}{\|}}{C}-OH + H-{}^{18}OC_2H_5 \overset{H^+}{\rightleftharpoons} CH_3-\overset{\overset{\displaystyle O}{\|}}{C}-{}^{18}OC_2H_5 + H_2O$$

酸催化下的酯化反应流程如下：

$$R-\overset{O}{\overset{\|}{C}}-OH \xrightleftharpoons{H^+} R-\overset{OH}{\overset{|}{C^+}}-OH \xrightleftharpoons{R'\ddot{O}H} R-\underset{H\overset{+}{O}R'}{\underset{|}{\overset{OH}{\overset{|}{C}}}}-OH \rightleftharpoons R-\underset{OR'}{\underset{|}{\overset{OH}{\overset{|}{C}}}}-\overset{+}{O}H_2$$

$$\xrightleftharpoons{-H_2O} R-\overset{OH}{\overset{|}{C^+}}-OR' \xrightleftharpoons{-H^+} R-\overset{O}{\overset{\|}{C}}-OR'$$

酯化反应中，醇作为亲核试剂进攻具有部分正电性的羧基碳原子，由于羟基碳原子的正电性较小，很难接受醇的进攻，所以反应很慢。当加入少量无机酸做催化剂时，羧基中的羰基氧接受质子，使羧基碳原子的正电性增强，从而有利于醇分子的进攻，加快酯的生成。

羧酸和醇的结构对酯化反应的速度影响很大。一般 α–C 原子上连有较多烃基，或所连基团越大的羧酸和醇发生酯化反应时，由于空间位阻的因素，使酯化反应速度减慢。不同结构的羧酸和醇进行酯化反应的活性顺序，其中羧酸为：$RCH_2COOH > R_2CHCOOH > R_3CCOOH$；醇为：$RCH_2OH$（伯醇）$> R_2CHOH$（仲醇）$> R_3COH$（叔醇）。

（4）酰胺的生成。羧酸与氨或碳酸铵反应，生成羧酸的铵盐，铵盐受强热或在脱水剂的作用下加热，可在分子内失去一分子水形成酰胺：

$$R-\overset{O}{\overset{\|}{C}}-OH + NH_3 \longrightarrow R-\overset{O}{\overset{\|}{C}}-ONH_4$$

$$R-\overset{O}{\overset{\|}{C}}-OH + (NH_4)_2CO_3 \longrightarrow R-\overset{O}{\overset{\|}{C}}-ONH_4 + CO_2 + H_2O$$

$$R-\overset{O}{\overset{\|}{C}}-ONH_4 \xrightarrow[\triangle]{P_2O_5} R-\overset{O}{\overset{\|}{C}}-NH_2 + H_2O$$

二元羧酸与氨共热脱水，可生成酰亚胺：

$$C_6H_4(COOH)_2 + NH_3 \xrightarrow{\triangle} C_6H_4(CO)_2NH$$

酰胺如果继续加热，则可进一步失水生成腈：

$$R-\overset{\overset{O}{\|}}{C}-OH + NH_3 \longrightarrow R-\overset{\overset{O}{\|}}{C}-ONH_4 \xrightarrow[-H_2O]{\triangle} R-\overset{\overset{O}{\|}}{C}-NH_2 \xrightarrow[-H_2O]{\triangle} R-C\equiv N$$

羧酸铵盐　　　　酰胺　　　　腈

上述羧基上的羟基的取代反应，属于亲核取代反应，反应用以下通式表示：

$$R-C\begin{matrix}\nearrow O \\ \searrow OH\end{matrix} + Nu^- \rightleftharpoons \left[R-\underset{\underset{OH}{|}}{\overset{\overset{O^-}{|}}{C}}-Nu \right] \rightleftharpoons R-C\begin{matrix}\nearrow O \\ \searrow Nu\end{matrix} + NO^-$$

$Nu = X$，RCOO，OR，NH_3

3. ***羧酸的还原***

羧基中的羰基由于 p—π 共轭效应的结果，失去了典型羰基的特性，所以羧基很难用催化加氢或一般的还原剂还原，只有特殊的还原剂如 $LiAlH_4$ 能将其直接还原成伯醇。$LiAlH_4$ 是选择性的还原剂，只还原羧基，不还原碳碳双键，如：

$$CH_3-CH=CH-COOH \xrightarrow{LiAlH_4} CH_3-CH=CH-CH_2OH$$

4. ***α–H 的卤代反应***

羧基是较强的吸电子基团，可通过诱导效应和 p—π 超共轭效应使 α–H 活化。但羧基的致活作用比羰基小得多，所以羧酸的 α–H 被卤素取代的反应比醛、酮困难。但在碘、红磷、硫、日光等的催化下，取代反应可顺利发生在羧酸的 α 位上，生成 α– 卤代羧酸。例如：

$$CH_3-COOH \xrightarrow[P]{Cl_2} ClCH_2COOH \xrightarrow[P]{Cl_2} Cl_2CHCOOH \xrightarrow[P]{Cl_2} Cl_3COOH$$

一氯乙酸　　　　二氯乙酸　　　　三氯乙酸

控制反应条件可使反应停留在一元取代阶段。

卤代羧酸是合成多种农药和药物的重要原料，有些卤代羧酸，如 2,2– 二氯丙酸或 2,2– 二氯丁酸，还是有效的除草剂。

5. ***二元羧酸的受热反应***

不同的二元羧酸，由于羧酸之间的相对位置不同，常表现出不同的反应。例如，不同的脂肪二元羧酸的受热反应产物不同。

（1）2 ~ 3 个碳原子的二元羧酸的受热反应。乙二酸、丙二酸受热脱去二氧化碳（或称脱羟），并生成一元酸，如：

$$\begin{matrix}COOH\\|\\COOH\end{matrix}\xrightarrow{160\sim180℃}HCOOH+CO_2\uparrow$$

$$HOOCCH_2COOH\xrightarrow{140\sim160℃}CH_3COOH+CO_2\uparrow$$

（2）4 ~ 5 个碳原子的二元羧酸的受热反应。丁二酸、戊二酸受热脱水（不脱羟）生成环状酸酐，如：

$$\begin{matrix}CH_2COOH\\|\\CH_2COOH\end{matrix}\xrightarrow{300℃}\begin{matrix}CH_2-C\begin{matrix}=O\\-O\end{matrix}\\|\qquad\qquad\\CH_2-C\begin{matrix}-O\\=O\end{matrix}\end{matrix}+H_2O$$

$$\begin{matrix}CH_2COOH\\|\\CH_2\\|\\CH_2COOH\end{matrix}\xrightarrow{300℃}CH_2\begin{matrix}\diagup CH_2-C\begin{matrix}=O\\-O\end{matrix}\\ \diagdown CH_2-C\begin{matrix}-O\\=O\end{matrix}\end{matrix}+H_2O$$

（3）6 ~ 7 个碳原子的二元羧酸的受热反应。已二酸、庚二酸在氢氧化钡存在下，受热既脱水又脱羧生成环酮，如：

$$\begin{matrix}CH_2CH_2COOH\\|\\CH_2CH_2COOH\end{matrix}\xrightarrow[Ba(OH)_2]{300℃}\begin{matrix}CH_2-CH_2\\|\qquad\quad\\CH_2-CH_2\end{matrix}\!\!\begin{matrix}\diagdown\\ \diagup\end{matrix}C=O+CO_2\uparrow+H_2O$$

$$CH_2\begin{matrix}\diagup CH_2CH_2COOH\\ \diagdown CH_2CH_2COOH\end{matrix}\xrightarrow[Ba(OH)_2]{300℃}CH_2\begin{matrix}\diagup CH_2-CH_2\\ \diagdown CH_2-CH_2\end{matrix}\!\!\begin{matrix}\diagdown\\ \diagup\end{matrix}C=O+CO_2\uparrow+H_2O$$

（4）大于 7 个碳原子的二元羧酸的受热反应。大于 7 个碳原子的二元羧酸在加热条件下，可生成聚酐，如：

$$nHOOC(CH_2)_nCOOH\xrightarrow{高温}-\overset{\overset{O}{\|}}{C}\!\left[C(CH_2)_n-\overset{\overset{O}{\|}}{C}-O-\overset{\overset{O}{\|}}{C}-(CH_2)_n-\overset{\overset{O}{\|}}{C}-O\right]_n$$

$(n\geqslant6)$

由此可见，两个羧基间隔 5 个以上碳原子的脂肪二元酸加热，得不到分子内失水或同时失水、脱羧而成的环状产物，只能分子间脱水成酸酐。以上事实说明，在有可能形成环状化合物的条件下，总是比较容易形成五元环或六元环。

第五节　沸石

一、沸石作为固体酸催化剂的特点

沸石是有均一孔和三维骨架结构的结晶形硅铝酸盐。沸石这个名称是 1756 年由瑞典矿物学家阿克塞尔·克龙斯泰特首先提出的。他发现将天然的沸石矿物快速加热，沸石原来吸附的水会变成大量的蒸气。基于此他将这类材料称为沸石（zeolite，由两个希腊词组成，zeo 表示沸腾，lithos 表示石头）。

目前已知的天然沸石有 40 多种。此外还有自然界不存在的 200 多种人工合成沸石结构（包括有关的材料）。

合成沸石是最重要的一类固体酸催化剂，被用于一系列的工业过程，特别是在石油炼制和石油化工领域。Y 型沸石在流化催化裂化（FCC）中完全取代了无定形氧化硅—氧化铝的位置。因为沸石的活性比无定形氧化硅—氧化铝高得多，虽然它们的活性位组成和局部结构看上去十分相似。

沸石和有关材料的重要性质可归纳如下：

（1）与无定形氧化硅—氧化铝比较，沸石的催化活性很高。酸位数目与骨架铝含量直接有关，因此可以通过骨架 Al 含量进行调节。

（2）沸石中 Al 的同晶取代（如 Ga、Fe、B、Ti 取代）方法已经成熟。通过同晶取代可以对酸位的本征活性进行改性。活性下降的次序为 Al > Ga > Fe > B。

（3）沸石尤其是富硅沸石具有高热和高水热稳定性。它们能在高温下用作催化剂，并能在水蒸气存在下频繁地氧化再生。这一点与具有有机基团的催化剂如离子交换树脂形成了鲜明的对比。此外，它们的热稳定性也比杂多酸高得多。

（4）沸石催化剂具有择形催化性能，因为其结构内具有大小确定的孔和笼。

（5）沸石笼内反应物分子浓度比较高，因而有沸石存在时反应似乎在更高的分压下进行。

（6）沸石无腐蚀性，也无毒性。

二、沸石的结构

沸石骨架的基本单元都是硅或铝原子与四个氧原子配位的四面体。由于存在纳米大小的孔道和笼，沸石的孔体积和比表面积都很大。沸石由坚固的结晶形氧化硅骨架组成。骨架中有些位置的 Si^{4+} 可以被 Al^{3+} 取代，同时在骨架中产生一个负电荷。所有这些骨架上的电荷被位于沸石孔内松散连接的骨架外阳离子中和。沸石的结构式由下面的通式表示：

$$M_{x/n}[(AlO_2)_x(SiO_2)]\cdot\omega H_2O$$

其中，n 为阳离子价数；ω 为沸石空隙中含的水，这些水通过加热可以可逆地去除。

阳离子如 Na^+、K^+、NH_4^+、Ca^{2+}、Mg^{2+} 和 Cu^{2+} 可以互相交换。由于这些性质，沸石是高效的离子交换剂和吸附剂。当骨架电荷被质子中和时，沸石构成了酸性。因而，沸石作为固体酸被用于一系列重要的工业反应。沸石的类似物如硅铝磷酸盐也因此而产生。

沸石常被称为“分子筛”。分子筛这个名词与这类材料的一个特性有关，即具有按尺寸大小来挑选分子的能力。这是因为它们有非常规整的分子尺寸的孔结构。能够进入沸石孔的最大分子或离子物种是由其孔道尺寸控制的，通常由孔口的环状孔径确定。

八元环指的是由 8 个四面体配位的硅（或铝）原子和 8 个氧原子构成的闭合环。典型沸石包括直径为 0.30 ~ 0.45nm 的八元环孔的小孔沸石，如 A 沸石；直径为 0.45 ~ 0.60nm 的十元环孔的中孔沸石，如 ZSM–5；直径为 0.6 ~ 0.8nm 的十二元环孔的大孔沸石，如 X 和 Y 沸石；十四或十八元环孔的特大孔沸石，如 UTG–L 尺寸与碳类分子相似，即 0.3 ~ 1.2nm，是沸石具有择形选择催化特点的基础。例如，正辛烷容易通过沸石的孔进入内部孔隙，而异辛烷（2,2,4– 三甲基戊烷）分子比孔径大，完全被排斥在外。

孔体系可以是一维、二维或三维的。可以含有不同尺寸的孔，还包括孔道和笼型等。在二维和三维系统中，两种类型的孔道是相互连接的，在交叉处形成笼状孔腔。在一维系统中，一般是比较均一的直孔道。

三、沸石及类似材料的命名

对沸石和类似材料无系统的命名方法。国际沸石协会的结构委员会对沸石和类似材料的拓扑结构指定了三字符号。例如：FAU 是具有八面沸石拓扑结构的分子筛，如 X 和 Y 沸石的符号；MFI 是 ZSM–5 和硅沸石拓扑结构的符号；CHA 是菱沸石的符号。必须注意三字符号不是某一种沸石的名称，而只代表其结构。因此，除了 X 和 Y 沸石，硅铝磷酸盐 SAPO–37 的结构符号也是 FAU。SAPO–34 和菱沸石有相同的结构符号 CHA。

四、沸石的合成

沸石主要是由水溶液中的氧化硅—氧化铝凝胶在 pH 为 6 ~ 14 和 350 ~ 500K 温度下晶化制备而成。沸石合成最重要的一种工艺是溶胶—凝胶法。产品的性能与反应混合物组成、体系的 pH、合成温度、阳离子类型、反应前“生晶”时间、反应时间和所用的结构导向剂等有关。在溶胶—凝胶工艺中，其他的元素（金属、金属氧化物）很容易掺杂进去。胺或季胺盐可用作结构导向剂。干凝胶转化技术也可应用在沸石合成方面，尤其是在合成沸石膜方面。水凝胶首先被干燥，然后在水蒸气或水蒸气和有机结构导向剂混合气中转化成沸石晶体。

五、沸石的酸性位

（一）质子型沸石的酸性羟基

沸石结构由晶格外阳离子和骨架组成。刚合成的沸石中的阳离子可以是碱金属阳离子或烷基铵阳离子。为得到酸性沸石，这些阳离子必须用质子取代。在 Y 型沸石的例子中，首先合成的是 Na 型沸石，应先将其用硝酸离子交换成铵型沸石，然后在 650 ~ 750K 分解 NH_4^+ 离子，使其转变成质子（或氢）型（HY）沸石。

H 型沸石的红外光谱显示质子是以表面羟基的形式存在。对 Y 沸石而言，在 $3562cm^{-1}$ 和 $3626cm^{-1}$ 观察到两种羟基。这两个峰（$3626cm^{-1}$，$3562cm^{-1}$）分别归属为超笼中的桥式羟基（Si—OH—Al）和位于连接方钠石笼的六元环中心附近的桥式羟基。这些羟基的酸性质由吸附探针分子的光谱研究证实。吸附吡啶后形成吡啶离子，而羟基即随之消失，表明两种羟基均为 Bronsted 酸位。在 HY 上，在 $3740cm^{-1}$ 还观察到一个峰，它不与吡啶作用，被归属为非酸性表面硅羟基。

HY 在高温下（$>630K$）脱水。由 IR 吡啶吸附谱可以证实，脱水后产生 Lewis 酸位。Lewis 酸位的来源是 Al 物种如 AlO^+，它是由沸石骨架脱出的（脱铝）。

酸位浓度变化与沸石结构变化是一致的。在 250 ~ 300℃（523 ~ 573K），氨离去留下酸性羟基，即 Bronsted 酸位。500℃（773K）以上，HY 脱羟基，导致 Bronsted 酸位减少，而由脱出的 Al 物种形成的 Lewis 酸位逐步增加。

对用阳离子型有机模板剂合成的沸石如 ZSM-5，通过有控制的焙烧也能得到质子型沸石。

（二）多价阳离子型沸石的酸性羟基

用多价阳离子，如 Ca^{2+}、Mg^{2+} 和 La^{3+} 进行离子交换，也可以产生酸性羟基。酸性的产生可表示为：

$$[Ca(OH_2)]^{2+} \longrightarrow [Ca(OH)]^+ + H^+$$

除了酸性羟基外，红外光谱上也能看到 $[Ca(OH)]^+$ 中的羟基的吸收峰。

随着阳离子体积减小，Bronsted 酸位量增加。

$$MgY > CaY > SrY > BaY$$

对稀土 Y，Bronsted 酸位的形成可用下式表示。

$$La(H_2O)^{3+} \longrightarrow La(OH)^{2+}+H^+$$

$$La(H_2O)_2^{3+} \longrightarrow La(OH)_2^{+}+2H^+$$

通过多价阳离子，如 La^{3+} 进行离子交换，可提高质子型沸石的稳定性。虽然稀土交换 Y 沸石（RE–Y）的活性比质子型沸石 (HY）低，但 RE–Y 是更好的 FCC 催化剂，因为它具有更高的热稳定性和水热稳定性。

（三）可交换阳离子还原后形成的酸性羟基

还原过渡金属离子会形成酸性羟基。

$$Cu^{2+}+H_2 \longrightarrow CuO+2H^+$$

$$Ag^{+}+1/2H_2 \longrightarrow AgO+H^+$$

由此产生的质子与骨架氧阴离子结合形成酸性羟基。

在 AgY 沸石的例子中，有氢气存在时催化活性大大增加。因为有氢气存在时，AgY 的活性远远超过 HY，而后者的活性不受氢气影响。氢气对催化剂反应的影响是可逆的，即去除氢气活性下降，而重新引入氢气活性又可恢复。由此表明存在分子氢和质子互换的反应。可以认为银簇离子参与了氢—质子互换反应。

$$Ag_n^{+}+H_2 \rightleftharpoons Ag_nH+H^+$$

事实上 H MAS NMR 谱证实了酸性羟基和 Ag_nH 的可逆反应。在 AgY 的例子中，H MAS NMR 谱曾观察到 $[Ag_3H]^+$ 物种。

六、影响酸性羟基酸强度的因素

如前所述，酸性羟基的数目基本上和骨架中铝原子数目相同。羟基的酸强度与各种因素有关，如 Si/Al 比和沸石的晶体结构。

（一）Si/Al 比

对同一种结构的沸石来说，酸性羟基的酸强度一般随骨架 Si/Al 比增加而增加，因此 Y 型沸石的活性比 X 型沸石高，并且随着骨架铝减少（脱铝），Y 型沸石的活性可进一步提高。

此现象是因为 Al 位分布是决定酸强度的主要因素。在沸石中 Al 原子周围第一层有 4 个 Si 原子（最近邻），第二层有 9 个 Al 或 Si 原子（次近邻，NNN，每个原子有 2 个次近邻原子）。在 X 型沸石中，这 9 个原子大多是 Al。增加 Si/Al 比，有的 Al 会被 Si 取代。当 Si/Al 比足够大时，9 个原子都会被 Si 取代，而原来的 Al 位被孤立了。Al 位的强度取决于 Al NNN 的数目，次次近邻（ONNN）时强度达最高值。当 Si/Al 比接近 7 时，所有的 Al 位均被孤立了。事实上 Si/Al 比为 8.5 的 Pt/ 丝光沸石对正戊烷异构化反应的催化活性达最高值。

在不同 Si/Al 比的 H-ZSM-5 上进行的己烷裂解反应中，每个铝原子的活性与 Si/Al 比无关。这是因为 H-ZSM-5 的 Si/Al 比已经远大于 7。反之，对八面沸石结构来说，羟基伸缩频率随 Si/Al 比增加而减小，当 Si/Al ≥ 6 时达到极值。

（二）同晶取代

早期已经合成了含不同元素，如 B、Ge 和 Fe 的沸石。以其他元素取代铝（同晶取代）极大地改变了沸石的酸性和氧化还原性。引入沸石的元素有 Be、B、Ti、Cr、Fe、Zn、Ga、Ge 和 V。在合成沸石时，这些元素通常是以金属盐的形式作为原料之一加入。也可以在合成以后进行同晶取代。例如，将 ZSM-5 与三氯化硼反应可以引入硼。

金属硅酸盐的酸强度次序为：

[Al]-ZSM-5 > [Ga]-ZSM-5 > [Fe]-ZSM-5 > [B]-ZSM-5

这里，[M]-ZSM-5 表示骨架中有金属 [M] 的金属硅酸盐。

IR 谱中羟基谱线位置变化情况与 TPD 谱相一致。对 [Al]-ZSM-5，[Ga]-ZSM-5，[Fe]-ZSM-5 和 [B]-ZSM-5，羟基谱线依次出现在 $3610cm^{-1}$、$3620cm^{-1}$、$3630cm^{-1}$ 和 $3725cm^{-1}$。

（三）沸石结构

大量的理论计算显示结构因素对桥式羟基的酸性影响很大。当桥式羟基的质子移去后，近邻的骨架结构松弛，Al—O—Si 键角与 Al—O 和 Si—O 键长均因失去质子而变化，表明去质子能量与沸石局部结构有关，因而不同沸石的羟基酸强度不同。在结构因素中，Al—O—Si 键角被认为是对酸强度影响最大的一种因素。ZSM-5、丝光沸石和 Y 型沸石的键角分别为 137° ~ 177°、143° ~ 180°和 138° ~ 147°。

卡尔森等计算了质子化和去质子化沸石的能量，注意到去质子化沸石的 Al—O—Si 键角在 130° ~ 175°范围内很少变化，而质子化沸石键角增大时变得非常不稳定。这说明随着 Al—O—Si 键角增大去质子化能量下降，因而质子化沸石酸性更大。

凯塔等报道 A1—O 距离 α 是决定桥式羟基酸强度的一个主要因素。用密度泛函理论计算的氨吸附热 $E_{吸附}$被作为衡量酸强度的一种度量。$E_{吸附}$与 Al—O 距离 α 的关系为：

$$E_{吸附}=515-2090\alpha$$

式中，$E_{吸附}$和 α 的单位分别为 $kJ \cdot mol^{-1}$ 和 nm。未发现 $E_{吸附}$和 Al—O—Si 键

角有明确的关系。Al—O 键长 α 越短，Al 与羟基之间相互作用越强，电荷越少，桥式羟基酸强度越高。此结果与酸强度次序 MFI ＞ BEA ＞ FAU 一致。

（四）沸石脱铝

沸石的催化性质，如活性、择形选择性和热稳定性等，可以通过不同的处理方法改善。这些改性的方法被称为沸石的后合成。最重要的一种后合成方法是骨架脱铝。典型的脱铝方法是水热处理或用酸、EDTA、$SiCl_4$ 化学处理。有时也将水热处理和化学处理同时采用。

由骨架抽取的铝物种留在沸石里，不同类型的骨架外铝物种（EFAl）有可能留在沸石孔道内和 / 或超笼内。铝阳离子如 AlO^+、$Al(OH)_2^+$ 和 $AlOH^{2+}$ 以及一些中性的物种都有可能形成，取决于水热处理条件以及初始沸石的特性，但详细的结构不确定。骨架外铝物种是产生 Lewis 酸性的来源，也是出现通常所认为非酸性新 IR 羟基峰的原因。

沸石脱铝对其催化性能可提供以下有利因素：

（1）如前所述，脱铝产生的缺陷部分被硅填满，使 Si/Al 比增加，骨架更稳定，沸石结构越稳定。初次合成时 Y 沸石的 Si/Al 比限于 6 左右。对沸石结构的 Y 进行温和水热处理，使其 Si/Al 比增加，从而改善了其热稳定性。通过脱铝稳定的 Y 型沸石称为超稳 Y 沸石（USY）。离子交换容量和单位晶胞减小是骨架脱铝的直接体现。在催化裂解中催化剂必须能够适应 773 ~ 1123K 的高温和含水蒸气的环境。由于具有高热和水热稳定性，USY 是最受欢迎的催化裂解催化剂。沸石中的 EFAl 部分可以用酸处理去除。

（2）除了高热稳定性外，与未经活化处理的样品相比，USY 具有高得多的活性，但其酸位数目有所减少。开始脱铝时烃类裂解活性迅速增加，再继续脱铝则活性下降。在 Si/Al 比为 9 ~ 12 时酸性达极大值。

对 USY 的高催化活性曾经提出过很多解释。首先，增加 Si/Al 比使活性增加，这可用次近邻 (NNN）效应解释。其次，骨架外铝可改变催化活性，因为它有稳定晶格或者增强邻近的 Bronsted 酸位的协同作用。即使在高硅沸石如 ZSM–5 中，也观察到酸性增强的现象，但这种现象无法用 NNN 概念解释。

脱铝处理后的 Y 沸石在红外光谱羟基区出现几个新峰。$3675cm^{-1}$ 和 $3600cm^{-1}$ 的新峰归属为与 EFAl 连接的质子。$3600cm^{-1}$ 峰与己烷裂解催化活性有关，它属于骨架羟基与脱出的铝物种相互作用形成的强 Brensted 酸。

（3）脱铝常常会改变沸石的性质，如改变总孔体积和孔径分布。也可能产生介孔，加速反应物或产物扩散，甚至改变沸石择形选择性。例如，在丝光沸石中，孔道体系由一维变成了二维或三维。脱铝丝光沸石（SiO_2/Al_2O_3=2600 含量比例）在联苯和丙烯烷基化制备 4,4’－二异丙基联苯反应中具有很高的活性和选择性。

七、沸石骨架中金属阳离子的催化作用

如上所述，铝物种由沸石骨架脱出后表现为 Lewis 酸，并可增加酸性羟基的强度。另外，与沸石骨架结合的金属阳离子可作为Lewis 酸位直接参加催化反应。密尔温—彭杜夫—魏雷还原反应被骨架中含有 Al^{3+}、Ti^{4+}、Sn^{4+} 和 Zr^{4+} 离子的 β–沸石催化，香茅醛异构化成异蒲勒醇的反应被含 Sn^{4+}、Al^{3+} 和 Ti^{4+} 的 β– 沸石催化，Sn–β– 沸石对 α– 甲基苯乙烯和多聚甲醛的 Prins 缩合反应也有活性。

八、代表性沸石的结构和用途

（一）工业上重要的沸石

1. 八面沸石

八面沸石结构中有大的超笼（直径 1.3nm），通过直径 0.74nm 的十二元硅酸盐环进入；有小得多的方钠石笼，通过 6 元硅酸盐环进入；还有连接方钠石笼的六方形棱柱。所有的催化反应是在八面沸石的超笼中进行的。八面沸石的铝含量很高。Si/Al 比接近 1 的八面沸石称为 X– 型沸石，而 Si/Al 比大于 2 的称为 Y 型沸石。因为它的硅含量高，Y 型沸石比 X 型沸石更稳定。

在 Y 型沸石的 IR 谱中可观察到两个明显的属于桥式羟基的谱带。高频 HF 谱线（$5726cm^{-1}$）属于超笼中的桥式羟基，绝大部分分子可以接近。低频 LF 谱线（$3562cm^{-1}$）属于连接方钠石笼的六元环中央附近的桥式羟基，可能与超笼内分子通过空腔以弱氢键形式连接。

萨里亚等观察到第三条谱线出现在 $3501cm^{-1}$。吸附三甲胺对此谱线无干扰，它被归属于六方棱柱中的羟基。Suzuki 等用红外光谱 / 氨程序升温脱附（IRMS–TPD）验证了四种羟基。

在 Y– 沸石的氢核磁谱可观察到在 3.9×10^{-6} 有一个峰，属超笼中的羟基；4.8ppm 有另外一个峰，是探针分子无法接近的，因而归属于方钠石笼中的羟基。

沸石因其酸性质成为石油炼制和石油化工中重要工业反应的催化剂，如裂解、加氢裂解和异构化。它的大孔径和高比表面也使其成为石油炼制中流化床催化裂解反应催化剂的最佳选择。

如前所述，H–Y 沸石在高温反应的实际应用中，H–Y 沸石需经水蒸气脱铝使其稳定，一般是将 NH_4Y 沸石放置在约 773K 环境下处理，得到的材料水热稳定性更高（称为超稳 Y 沸石，USY）。它们的结构和酸性与脱铝过程密切相关，在此过程中产生的骨架外铝具有 Lewis 酸性，还可使材料中的 Bronsted 酸性增强。

现今流化床催化裂解催化剂的主要成分是含稀土（RE）的 USY 沸石。

USY 也是加氢裂解催化剂的典型组分或载体，用于提供酸性。催化剂含有硫化物，Ni–W 硫化物。反应在 570 ~ 670K 和 50 ~ 200atm（1atm=101.325kPa）氢气环境中进行，使一种重质低值的原料转化成直链成分。反应中发生了加氢脱硫、加氢脱氯、加氢脱芳构化和加氢烷基化。

2. *β*– 沸石

β 沸石的骨架是由两种不同的孔道组成的三维体系，这两种孔道都由十二元环构成，但孔径不同，一个是 0.56nm × 0.56nm，属于中孔范围；另一个是 0.66nm × 0.76nm，属于大孔范围。典型的 Si/Al 比在 10 ~ 30，虽然采用特殊的制备方式可使此比例低至 5 或高至无穷大。

典型的 *β*– 沸石可以看成是两种结构的高度无序共生体。由于两种多形体的扭曲连接，产生了大量的内部结构缺陷，在 673K 左右焙烧或蒸汽加热会生成大量的骨架外铝物种。由于 Bronsted 酸位和 Lewis 酸位（脱出的铝）的相互作用，使沸石中出现了强酸位。

H–*β*– 沸石中羟基的复杂性已由 IR 和 H NMR 谱证明。例如，Gabrienk 等人利用 CO 吸附谱线的位移说明了 IR 谱中不同谱线的归属及其酸强度。

由 CO 吸附和 H NMR 化学位移测定的三种强酸性羟基的酸强度次序为：

$$3610cm^{-1} > 3740cm^{-1} > 3660cm^{-1}$$

H–*β*– 沸石的大尺寸孔道使芳烃很容易扩散。脱铝产生的骨架外铝物种有可能使孔腔有所缩小。H-*β*– 沸石是对很多反应，如烃类裂解、芳烃烷基化临氢异构化有活性的催化剂。

H–*β*– 沸石在苯和丙烯液相合成异丙苯的反应中得到了工业应用。以 H–*β*– 沸石为基础的催化剂在多固定床反应器中有过量苯存在的情况下，选择性地催化烷基化反应，同时又能在另一个固定床反应器中使苯与多异丙基苯发生烷基转移反应以增加异丙苯产量。沸石的异丙苯选择性优于其他沸石，如丝光沸石，其丙烯低聚物和正丙苯副产物均较少。

如前所述，含金属阳离子（Sn^{4+} 或 Zr^{4+}）的沸石表现为 Lewis 酸。它们对密尔温—彭杜夫—魏雷还原反应和拜耳—维利格氧化反应有活性，*β*– 沸石对密尔温—彭杜夫—魏雷还原反应的催化活性与具有 $3785cm^{-1}$IR 谱线的羟基相关联。含 Zr 的 *β*– 沸石对香茅醛转化成异蒲勒醇具有高活性和选择性，非对映异构的（±）– 异蒲勒醇的选择性约达 93%，而总的异蒲勒醇异构体选择性＞ 98%。

3. 丝光沸石

丝光沸石（MOR）结构具有二维孔道网络，其孔道几乎是沿着晶体的方向直通的，孔口为十二元环（0.65nm×0.70nm）。另外，在晶体方向有八元环“边口袋”，孔口为0.34nm×0.48nm。主孔道之间由“边口袋”相连接，接口为椭圆形小孔，孔径为0.57nm×0.26nm。由于孔口很小，物质很难由一个主孔道进入另一个主孔道，因此孔道系统基本上是一维的。

不同分子的吸附显示单取代苯很容易在主孔道中扩散，但不能进入“边口袋”。甚至戊烷和己烷也不能进入“边口袋”。邻二取代苯有可能也不能进入主孔道。因此，H-丝光沸石能催化芳烃的选择性转化。脱铝丝光沸石是异丙苯合成过程的催化剂。含贵金属的H-丝光沸石被用于甲苯歧化制取苯和二甲苯平衡混合物。

脱铝丝光沸石是C_4～C_5烷烃骨架异构化工业催化剂的主要物质，催化剂为氧化铝黏结的SiO_2/Al_2O_3为15～17的Pt-H-丝光沸石。脱铝至骨架/骨架外Al比例约为3可改进催化活性。催化剂工作温度接近520K，比氯化氧化铝工作温度高，虽然在热力学上是不利的，但是丝光沸石催化剂更稳定、更环境友好。

丝光沸石是低温下（400～460K）以二甲醇为原料，残化制备醋酸甲酯的选择性催化剂，不产生同系化反应或导致催化剂失活。此反应的特点是反应速率与八元环中羟基数成正比，表明8-MR中的CH键的活性比十二元环孔道中的要高得多。由此可认为8-MR孔道对CH_3^+—CO反应的特性来自碳阳离子过渡态与骨架氧阴离子相互作用产生的特殊稳定作用。

MFI结构中的孔道允许苯、单取代苯及对二甲苯扩散，邻二取代苯和间二取代苯的扩散则困难得多，导致对于单取代或对二取代苯有择形选择性。一个典型的例子是H-ZSM-5对甲苯甲醇烷基化反应产物选择性。在ZSM-5孔道中形成间、对和邻二甲苯，但产物中主要是对二甲苯，因为此异构体动力学直径最小，能迅速地扩散出来。这种性能的一个工业应用实例就是选择性甲苯歧化过程，由甲苯高选择性的催化剂来生产对二甲苯和苯。

在气相芳烃化学中，H-ZSM-5催化剂有一系列的用途。它们被用于苯和乙烯烷基化合成乙苯的德希尼布和埃克森美孚过程，反应在气相环境中进行，温度为660～720K。产物的择形选择性也是美孚开发甲醇制汽油的H-ZSM-5催化剂的基础。该过程的主要产物是适合用作汽油组分的烃类混合物。

由于其反应物选择性，H-ZSM-5催化剂常常含有加氢的金属，被广泛用作润滑油催化脱蜡中直链烷烃选择性裂解催化剂。在MFI孔腔中直链烷烃容易进入和扩散，而支链异构体则受到限制，因而直链化合物比支链异构体更容易反应。

H-ZSM-5的一个重要应用是作为以RE-USY沸石为基础的FCC催化剂的一

部分。H–ZSM–5 选择性地裂解直链烷烃，提高了汽油质量，增加了烯烃气体产量，但使汽油产率有所下降。

H–ZSM–5 沸石也可以在水相中用作多相酸催化剂。一种高硅 H–ZSM–5 沸石被成功地用于在 390K 的环己烯水溶液中合成环己醇的过程。

酸性降低的 ZSM–5（或硅沸石）是环己酮肟贝克曼重排成 ε– 己内酰胺的选择性催化剂。

MCM–22 是苯和乙烯液相烷基化生产乙苯工业过程的催化剂。MCM–22 也是液相法合成异丙苯过程的催化剂。MCM–22 基催化剂对苯酚与醇液相烷基化反应也表现出非常好的性能。与其他的大孔沸石相比，MCM–22 沸石催化剂的单烷基化选择性更高，而且是非常稳定的，这是因为其外表面存在半超笼（或杯），保证了烷基苯的脱附。然而光谱数据显示单取代苯、对位双取代苯（如对二甲苯）和含异丙基的分子（如异丁腈）不仅很容易进入半超笼，也能进入 MCM–22 内部孔道系统。因此苯烷基化不仅能在外部半超笼进行（无扩散限制），也能在内部空腔中进行（无强扩散限制），尤其是在 473K 以上。

纯的 MCM–22 样品的 IR 谱中有四条谱线，最大值位于 $3626cm^{-1}$，可分解成两个组分，即 $3628cm^{-1}$ 和 $3618cm^{-1}$，分别属于位于超笼和正弦孔道中的 Si(OH)Al 基。位于 $3585cm^{-1}$ 的肩峰属于两个超笼间的六方棱柱中的 Si(OH)Al 基。第四个峰（$3670cm^{-1}$）属于与骨架外 Al 物种相连的 AlOH 基。IR 的研究发现存在 Lewis 酸位，其位置大都在沸石的外表面上。

4. *镁碱沸石*

镁碱沸石有两种一维孔道，一种是十元环孔道，直径为 $0.42nm \times 0.54nm$，另一种是八元环孔道，直径为 $0.35nm \times 0.48nm$。这两种孔道垂直交叉。镁碱沸石通常被称为中孔沸石。它的 Al 含量一般很高（Si/Al=8），但也能制备成高硅形式。它的羟基伸缩峰位于 $3595cm^{-1}$，小幅度的位移取决于 Al 含量和温度。镁碱沸石是正丁烯异构化成异丁烯是活性和选择性催化剂，也用于柴油加氢裂解，可改善柴油低温下的流动性。

α– 沸石是一种大孔沸石，氧化硅—氧化铝比例在 4 ～ 10，人工合成的 α– 沸石结构与天然矿物针沸石结构类同（结构符号 MAZ）。沸石骨架具有一维孔道，类圆形十二元环窗口，直径约 0.74nm。相关研究人员曾用各种手段测定了其酸性。脱铝 α– 沸石有强酸性。脱铝 α– 沸石对 C_4 ～ C_5 烷烃异构化具有高活性和选择性。

（二）有应用前景的沸石

TNU–9 沸石的 IZA 结构符号为 TUN，其骨架含有两个明显的十元环直孔道

（0.52nm × 0.62nm 和 0.51nm × 0.55nm）。TNU–9 的酸性质与 ZSM–5 相似。TNU–9 对甲苯歧化和甲苯甲醇烷基化反应的催化活性高于 ZSM–5。

SSZ–35 具有十元环一维孔道，周期性地通向宽和浅的十八元环空腔。脱铝 SSZ–35 在 423K 对二甲苯和 2– 丙醇烷基化反应中的 2,5– 二甲基异丙苯的选择性非常高。

MCM–58 的结构与 SSZ–42 和 ITQ–4 相似，其 IZA 结构符号为 IFR，具有由十二元环正弦形孔道构成的一维结构，其特点是孔体积高达 0.21cm^3。其特殊的正弦形孔道迫使两个相邻的十二元环间形成浅的空腔，空腔的最大体积为 1.12nm × 0.73nm × 0.5nm。MCM–68 的结构符号为 MSE，是一种具有十二—十—十元环孔道的三维结构沸石。直的十二元环孔道与两个扭曲的十元环孔道交叉。MCM–68 也有十八元环空腔，但只有小分子气体通过十元环孔口才能进入。

CIT–1（SSZ–33）具有十二元环和十元环交叉孔道系统。在庚烷裂解中，CIT–1 表现出大孔沸石的性能，其异丁烯选择性特别突出。

ITQ–7 具有由交叉的十二元环孔道构成的三维孔道系统，其结构符号为 ISV。IR 光谱上观察到两个羟基峰（3610cm^{-1} 和 3630cm^{-1}）。吸附 CO 后，两个峰都移至 3340cm^{-1}。峰的位移（270 ~ 290cm^{-1}）表明这些羟基的酸强度低于 H–β、H–丝光沸石、H–ZSM–5 和 H–MCM–22（310 ~ 320cm^{-1}），但比 SAPO–34（270cm^{-1}）高。ITQ–7 对烷基芳烃的异构化、歧化和烷基化反应是活性催化剂。

SSZ–53、CIT–5 和 UTD–1 是具有特大孔的高硅分子筛。这些材料有十四元环一维孔道，具有工业上需要的高热稳定性和水热稳定性。

ECR–34 是镓硅酸盐，具有 1.01nm 的一维孔，是首个有十八元环孔口的硅酸盐分子筛。它能吸附类似全氟三正丁胺的大分子。

ITQ–33 具有直的大孔孔道，在 c 轴上有十八元环圆的孔口，并与一个二维十元环孔道交叉，提供了很大的微孔孔容。此材料在苯和丙烯合成异丙苯反应中具有高活性，且产生的不受欢迎的正丙基异丙苯产率特别低。

第六节　磷酸铝分子筛

一、磷酸铝分子筛的结构

威尔逊等首先合成了有序的微孔磷酸铝。后来通过改变模板剂和合成条件合成了许多不同微孔尺寸和拓扑结构的磷酸铝。磷酸铝分子筛被称为 AlPO–*n*(*n* 代表一种结构类型)，是严格地由 AlO_4 和 PO_4 四面体交替构成的。有些 AlPO 具有与沸石相同的结构。磷酸铝的骨架是中性的，这一点与带电荷的硅酸铝不相同。在硅酸铝骨架中铝原子总是四面体配位，而在磷酸铝骨架中有四、五和六配位的铝原子。这类分子筛作为催化材料的主要缺点是酸性低，因为是中性的四面体骨架对酸催化反应提供的催化活性较低。

二、MeAPO 材料

多孔磷酸铝骨架可通过引入其他元素进行改性。AlPO 骨架中引入二价金属阳离子 (Me）得到金属磷酸铝 (MeAPO-*n*)。这里金属阳离子主要取代的是铝。可引入的金属阳离子有 Zn^{2+}（ZnAPO-*n*），Mg^{2+}(MgAPO-*n*）和 Co^{2+}(CoAPO-*n*)。以二价金属阳离子取代 Al^{3+}，可产生 Bronsted 酸位（酸性桥式羟基）和 Lewis 酸位（由于失去骨架氧而产生的阴离子空位)。引入过渡金属阳离子 (Co、V、Cr、Ti）可以很容易改变氧化值，创造氧化还原活性位。

三、SAPO 材料

引入硅可得到磷酸硅铝分子筛 SAPO-*n*。当硅和一种金属同时被引入骨架时，这种材料被称为 MeAPSO-*n*。在 SAPO 类材料里，硅取代的是磷或者是铝—磷。未发现有 Si—O—P，说明不存在这种键。因此，有倾向形成富硅。形成的桥式羟基（Si—OH—Al）是 Bronsted 酸位来源。

利用 IR 对 SAPO 材料进行测试，均可观察到约 3743cm^{-1}、3677cm^{-1} 和 3625cm^{-1} 三个峰。3743cm^{-1} 和 3677cm^{-1} 峰属于外表面上的 Si—OH 和 P—OH 基。3625cm^{-1}（高频峰，HF）属于 Si—OH—Al 基的 Bronsted 酸位。SAPO-5 在 3570cm^{-1} 还有一个额外的峰（低频峰，LF)，属于羟基与骨架上相邻氧原子形成氢键的 Si—OH—Al 基。对于许多 SAPO 类材料，均发现两类桥式羟基（HF 和 LF)。

SAPO-11（AEL）具有直径中等的一维中孔系统。由于其具有适中的酸性和孔尺寸，SAPO-11 被用作一些反应的选择性催化剂。

SAPO-34 与菱沸石（CHA）同晶形。菱沸石的拓扑结构可描述为双六元环层，中间由四元环交叉连接。双六元环层以 ABC 次序堆积，使骨架中形成一连串桶状的笼，笼直径为 0.94nm，中间由八元环窗口连接（0.38nm × 0.38nm)。菱沸石结构只有一种四面体位，然而由于四个氧原子的不对称性，有可能形成四种不同的酸位结构，这取决于与质子连接的是哪一个氧原子。

SAPO-34 在 3000 ~ 4000cm^{-1} 区间有 5 个 IR 峰，代表 5 种羟基。在 3675cm^{-1}、3743cm^{-1} 和 3748cm^{-1}，的低强度峰分别代表 SAPO-34 表面缺陷上的 P—OH，Si—OH 和 Al—OH。3625 ~ 3628cm^{-1} 和 3598 ~ 3605cm^{-1} 的两个峰属于桥式羟基；

3600cm^{-1} 附近的羟基（LF 带，OHQ 位于六方棱柱中，与骨架上相邻氧原子形成一个氢键）；指向椭圆笼中心的孤立的桥式羟基振动频率为 ~ 3625cm^{-1}（HF 带，OH_A）。低频羟基的酸性一般略低于高频羟基。

除了 LF（3600cm^{-1}）和 HF（3631cm^{-1}）峰以外，SAPO-34 去键合以后在 3617cm^{-1} 还出现了第三种酸性羟基（OH_C）。吸附 CO 后羟基的伸缩频率下降，OH_A，OH_B 和 OH_C 分别下移 276cm^{-1}，331cm^{-1} 和 150cm^{-1}，这表明羟基酸强度的次序为 $OH_B > OH_A > OH_C$。

吸附 CO 后 OH_B 的位移太大，很难用 SAPO 骨架中孤立的 Si 位解释。实际上，OH_B 位的酸强度与类同结构的硅铝酸盐沸石接近，但后者形成的是 Si—OH—Al Bronsted 酸位。

羟基的强酸位可由氧化硅碎片 / 边界上或硅铝酸盐区域内的质子进行解释。当 SAPO 材料中形成硅筛，这些区域与沸石骨架类似。氧化硅边界上（或硅铝酸盐区域内）的 Bronsted 位面临的化学环境与硅铝酸盐类似，其结果是当 SAPO-34 中存在富 Si 区时可导致产生比孤立的 Si 位酸性更强的 Bronsted 位。

SAPO-34 是甲醇转换成乙烯和丙烯（所谓的 MTO 过程）的优良催化剂。SAPO-34 的小孔径限制了重烃和支链烃的扩散，提高了所需要的小直链烯烃的选择性。

第七节　有序介孔材料

一、有序介孔氧化硅的合成

柳川等报道了一种层状硅酸盐合成的有序介孔材料。合成的途径是先用表面活性剂插入硅酸盐层间，把层包裹起来，然后转变成六方密堆积材料。得到的材料称为 FSM-*n*（折叠层介孔材料），*n* 代表合成材料所用表面活性剂的烷基链中碳原子数。此后，美孚石油公司的科学家在专利中报道了发现介孔氧化硅材料。提出 MCM-41 是一种高度有序的、具有规则一维孔道系统的分子筛。然而，其孔壁与无定形氧化硅非常相似。其他的有关物相如 MCM-48 和 MCM-50，分别具有立方和层状微观结构，也相继被研发报道。

这些材料的合成是由表面活性剂分子或其硅酸盐形成的胶束控制的（液晶模板机理）。MCM-41 这个六方有序一维分子筛是在表面活性剂—硅酸盐体系易形成圆筒形胶束的条件下合成的，而 MCM-48 则是在球形胶束更稳定的条件下合成的。

自从发现有序介孔固体（如 MCM-41）以来，基于液晶模板机理的许多新的介孔固体的开发取得了引人注目的进展。不同材料如 HMS、SBA-1、SBA-15、SBA-16、MSU、KIT-1、MSA、ERS-8 和 UVS-7 的都具有不同介孔结构，可以用不同的制备方法得到。

为了改进酸性、热稳定性和水热稳定性，对介孔氧化硅的孔壁实现了部分或局部沸石化。其方法有：

（1）将有序介孔氧化硅转变成沸石单元。

（2）用已经含有沸石结构单元或晶种的溶液合成孔壁。

（3）采用小的有机胺和长链表面活性剂分子两种模板剂。

（4）介孔氧化硅孔壁上涂上沸石碎片。

在对异丙苯裂解反应中，部分重结晶的 MCM-41 或 HMS 的催化剂活性比原始的 MCM-41 和 HMS 高。此外，用已经形成纳米簇的硅铝酸盐通过胶束模板自组装合成的介孔材料，对三异丙苯催化裂解具有高活性和高水热稳定性。

尽管最初合成的材料是纯氧化硅或硅铝酸盐，但截至目前已成功地合成了氧化铝和氧化锗等介孔材料。含有桥式有机基团如乙烷、乙烯、苯和联苯的介孔有机氧化硅（PMOs）也已成功合成。

二、有序介孔材料中酸性的形成

（一）介孔氧化硅的催化作用

由于表面羟基的酸强度很弱，除了少数离子外，有序介孔氧化硅很少被用作固体酸催化剂。纯氧化硅 MCM-41 在环已酮缩醛反应中具有独特的孔径效应，对此反应硅胶无活性。孔径为 1.9nm 的 MCM-41 催化活性最高，孔径增大或减少均导致反应速率常数均降低。孔径为 1.9nm 的催化剂活性最高是因为表面硅羟基全部指向孔中心，形成一个整体。这样一种组合有可能为酸性催化剂创造高活性位。

纯氧化硅 MCM-41 在脂肪酸和长链胺合成酰胺反应中表现出较高的活性。以等摩尔的脂肪酸和胺为原料在甲苯中进行反应，采用的是迪恩・斯塔克仪器，在共沸温度下反应 6h 制备得到 MCM-41。

（二）介孔氧化硅结构中引入杂原子

有序介孔氧化硅不常被用作催化剂，通过在氧化硅壁上引入活性位或者在材料内部沉积活性物种使其得到额外的催化功能。用金属离子取代骨架中的硅原子可以表现为酸或氧化还原活性位，从而应用于不同类型的催化反应。

引入铝对酸催化特别重要。典型的引入方法是直接法，即在水热合成的溶液或溶胶中加入铝源。间接法也有采用，此时铝是通过浸渍法引入介孔材料的合成中，含铝介孔氧化硅有四面体配位的也有八面体配位的铝。

通过比较含铝MCM-41（[Al]-MCM-41）、USY和无定形氧化硅—氧化铝（ASA）对庚烷和瓦斯油裂解的催化活性，得出庚烷裂解的活性次序为USY（12.37）> ASA（3.20）> [Al]-MCM-41（2.04），括号中的数字为一级反应速率常数。以每个Al位为基础来比较的活性次序为USY（1237）> ASA（35.6）> Al > MCM-41（8.87）。所以，USY上庚烷裂解的特征活性比[Al]-MCM-41高139倍，说明[Al]-MCM-41的酸强度很弱，其酸位周围的环境与ASA比较接近，但与沸石不相同。三种催化剂对瓦斯油裂解的一级反应速率常数表现出不同的次序：USY（3.32）> [Al]-MCM-41（2.04）> ASA（1.71）。两种反应活性次序的差别是由孔径效应引起的。在瓦斯油裂解中，MCM-41遇到的大分子扩散限制比较少。然而，MCM-41的热稳定性尤其是水热稳定性对再生器中的苛刻反应条件是不适宜的。

在对间二甲苯异构化反应中，氧化硅—氧化铝的活性比[Al]-MCM-41（Si/Al=10）高，H-Y沸石的活性比[Al]-MCM-41高500倍。

介孔氧化硅—氧化铝（MSA）是制备负载金属双功能催化剂稳定的酸性组分。在正癸烷加氢转换反应中。Pt/MSA的异构化选择性优于USY沸石和普通的氧化硅—氧化铝。典型的反应条件为总压=30bar[1]，H_2/癸烷=4，反应温度523K。有三个因素对MSA的反应是有利的，即温和的Bronsted酸性、很高的比表面和介孔范围内窄的孔分布。弱Bronsted酸性减少了癸烷初次异构化产物的进一步裂解。

与沸石相似，不同的杂原子提供的酸位强度不同。对Al、Ga和Fe置换的MCM-48，用NH_3-TPD测定的酸强度次序为Al > Ga > Fe，而Lewis酸位次序则为Ga ≈ Al > Fe。

2,6-二异丙基（2,6-DIPN）是生产新型高聚物的一种原料，它通过在丝光沸石上进行和丙烯的烷基化反应而选择性地生成。这种选择性地生成细长的异构体2,6-DIPN的原因是沸石的择形选择效应。另外，DIPN异构体混合物还可用作仿形材料的高品质溶剂。为保证低温下溶剂保持液态，高固化点的DIPN异构体中2,6-DIPN的含量要有限制。含Al或Fe的SBA-1对异丙烯烷基化活性很高。由于SBA-1的笼具有大的自由空间，产物分布不受择形选择限制，因此产物中只含少量的2,6-DIPN。

（三）磺酸基功能化的介孔氧化硅

为了得到酸强度高的催化剂，通常在介孔氧化硅中引入磺基。这可以在合成

[1] 1bar=10^5Pa=100kPa。

过程中（共沉淀方法）直接引入疏烷基基团或者在合成后的氧化硅上接枝疏烷基（接枝或后合成法），随后将疏烷基转变成磺基。采用这种方法可以制得具有均匀大孔的强酸性催化剂。

目前已出现不用昂贵的三烷氧基硅烷试剂的后合成方法。在此法中先用 MCM-41 和苯甲醇缩合，然后再用氯磺酸磺化。得到的材料中酸量高达 8.2mmol/g。

第八节　黏土（蒙脱土和滑石粉）

如前所述，黏土矿物，作为一种具有规整层状结构的混合氧化物，曾被用于裂化过程。在黏土中，蒙脱土和滑石粉是最常用的催化剂，两者属于蒙脱石黏土矿物族。蒙脱石黏土有片状结构，其基本单元结构由两个四面体 Si 层片和一个夹在中间的八面体 Al 或 Mg 层片组成。两种基本的矿物是叶蜡石和滑石，前者八面体层片中的离子都是 Al^{3+}，后者八面体层片中的离子都是 Mg^{2+}。这些矿物中黏土层是中性的，层上没有负电荷。

在蒙脱土中，叶蜡石八面体层片中的 Al^{3+} 离子部分被 Mg^{2+} 取代，导致黏土层上局部带负电荷，这些负电荷被层间水合阳离子（通常是 Na^{+}、K^{+} 或 Ca^{2+}）平衡。在滑石粉中，滑石四面体层片中的 Si^{4+} 离子部分被 Al^{3+} 取代，电荷平衡阳离子存在于层间。

蒙脱石是一种具有溶胀和离子交换性质的黏土。水能进入层间，使黏土层间距增大。对黏土进行酸处理使层间的阳离子交换成 H^{+} 从而产生酸性位。溶胀和离子交换性质使得人们能够通过与较大的水解金属阳离子或有机 / 无机络合物进行离子交换制备柱撑黏土材料。

经过酸处理的蒙脱土和蒙脱石作为固体酸催化剂，在少数化学工业过程中使用，并作为吸附剂用于油的纯化和脱色。通过层间柱撑技术形成二维介孔材料（柱撑黏土）。对于柱撑材料，Al_2O_3 是最常使用的材料，其他材料包括 Ti、Zr、Cr 和 Fe 的氧化物以及 Fe-Al、Ga-Al、Si-Al 和 Zr-Al 混合氧化物。

制备柱撑黏土的常用步骤为：①蒙脱石在水中溶胀；②在黏土的层间区域用部分水合的多聚或低聚金属阳离子交换层间阳离子；③对膨胀黏土的湿滤饼进行干燥和焙烧，使多聚氧合金属阳离子转变成金属氧化物柱。

第五章　化学实验安全防护

第一节　化学实验室安全通则

1. 安全标识

认识图 5–1 所示的实验室安全通则标识。

(a) 了解实验室安全疏散通道

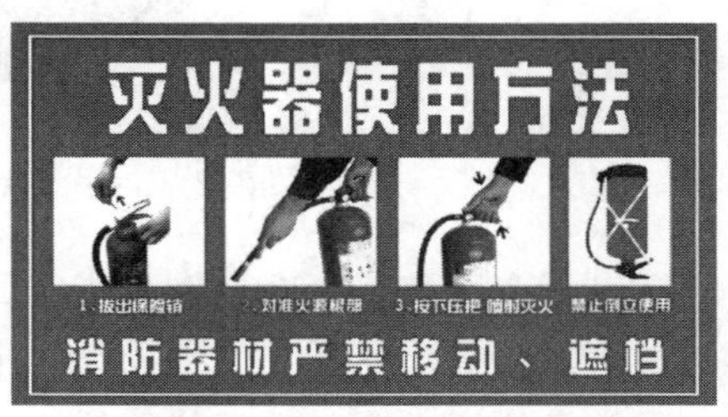

(b) 掌握灭火器等消防器材的使用方法

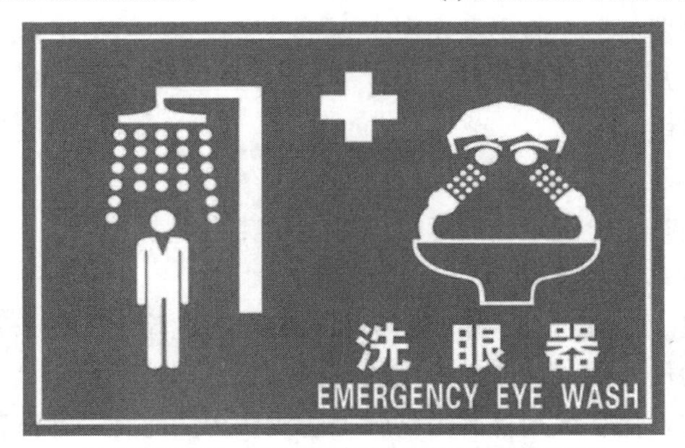

(c) 了解喷淋器、洗眼器的存放位置并掌握其使用方法

图 5–1　实验室安全通则标识

2. 实验注意事项

（1）实验前。认真预习实验，写好实验预习报告。

（2）实验中。

①穿实验服，穿戴必要的安全防护用品（图 5–2）。

②认真做实验，如实记录实验现象和数据。

图 5-2　能穿戴合适的实验安全防护用品

③有毒有害实验废弃物倒入指定回收瓶。

（3）实验后。

①关闭仪器电源，填写仪器使用登记表。

②清洗实验器皿，实验物品还原。

③整理实验台面。

④关闭水、电、气。

⑤洗净双手。

⑥请老师检查实验记录，同意后方可离开实验室。

3. 实验室禁止的行为

（1）披长发。转身时有可能碰倒实验器皿引起危险。长发未妥善固定，易被搅进高速旋转的仪器中（如离心机等），同样造成危险。

（2）穿拖鞋。化学试剂易洒溢到脚上造成伤害。而且，穿拖鞋在实验室易滑倒，可能导致实验用品跌落或碰倒，从而使化学品溅到身上。

（3）穿背心。由于操作不当导致化学品溅到身上时，缺少实验服对身体的有效防护，易对身体造成伤害。

（4）吸烟。吸烟易引燃易燃化学品导致火灾或爆炸，且对其他人健康有害。

（5）实验室饮食。带入实验室的食物有可能被有毒物质污染，万一误饮误食实验化学品，对健康有害，甚至中毒。

实验室禁止行为常见标识（图 5-3）。

图 5-3　化学实验室的禁止行为

一、学生实验通则

（1）实验前认真预习，写好预习报告。

（2）进入实验室应穿实验服，束起长发，必要时穿戴安全防护用品（防护手套、护目镜等），禁止穿背心、拖鞋进入实验室，实验时禁止戴手镯和穿有宽松袖口的衣服。

（3）保持实验室安静、整洁，实验室内禁止吸烟、吐痰、乱丢杂物，严禁在实验室饮食。

（4）严格按照要求进行实验，认真观察并如实记录实验现象和数据，及时将需要回收的试剂倒入指定的回收瓶。

（5）实验完毕，认真做好整理工作。

①关闭仪器电源，拔下插头，填写仪器使用登记表。

②清洗实验器皿并归还原处，将实验用品按原样整理摆放。

③检查所用水、电、煤气的开关是否关闭。

④将实验记录交指导教师检查，经指导教师检查同意后方可离开实验室。

（6）学生轮流值日并认真履行职责。打扫实验室，清倒废物桶，整理公用仪器及物品，检查水、电、煤气，关好门窗。

二、实验室安全、卫生通则

（1）了解实验室基本布局和安全疏散通道，通风橱的位置和安全使用方法。熟悉灭火器、消火栓、喷淋器、洗眼器、急救箱等位置并能操作使用。

（2）做实验时穿实验服，束起长发，禁止穿背心、拖鞋进入实验室。熟知所使用的物品和设备具有的潜在危险，必要时穿戴安全防护用品（防护手套、护目镜等）。

（3）进行可能产生有毒气体、危险和刺激性气体的实验，必须在通风橱中进行。

（4）实验室所有的物品未经允许不得携带出实验室。有毒有害废弃物必须回收到指定的废弃物回收器皿中。

（5）不得随意离开正在运行的装置和正在进行的化学反应。

（6）实验过程中发现任何意外事故或安全隐患，一定尽快向老师报告。

（7）实验结束后，做好清洁、整理工作，关闭水、电、气开关，洗净双手。

（8）节假日和晚上，不得独自一人在实验室工作。

第二节　化学实验室安全防护基本常识与操作规范

化学实验过程中，不可避免会接触到一些有毒有害物质，有必要采取合适的安全防护措施保障实验者的安全。实验安全防护种类很多，需要根据实验情况进行相应的选择。实验安全防护装备主要分为以下几种类型：

（1）头部防护：头盔。

（2）眼睑部防护：防化学护目镜、防护面罩。

（3）呼吸防护：防护口罩。

（4）手部防护：防护手套。

（5）身体防护：防护服。

（6）脚部防护：安全靴。

（7）辐射防护：个人剂量报警仪。

一、防护装备

1. 头部防护：头盔

作用：有效缓冲外物对头部的撞击，从而保护头部安全（图 5-4）。

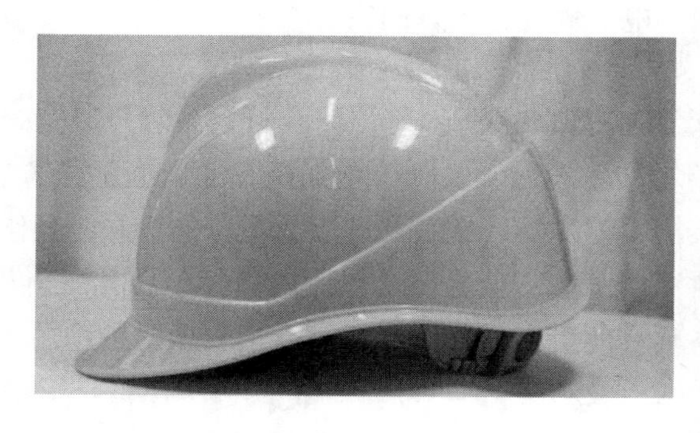

图 5-4　头盔

2. **眼部防护：防化学护目镜、防护面罩**

作用：防止有刺激性或腐蚀性的溶液对眼睛、面部的损伤，防止异物溅射到面部（图 5–5）。

(a) 必须戴防护眼镜　　(b) 必须戴防护面罩

图 5–5　眼部防护装备

3. **呼吸防护：防护口罩**

作用：防止有毒或有刺激性气体及颗粒物吸入（图 5–6）。

图 5–6　呼吸防护装备

常用类型：酸性气体及颗粒物防护口罩；有机气体及颗粒物防护口罩。

防护口罩具体用法：

（1）用手握住口罩，让鼻子夹在指尖，头带自然下垂。

（2）把鼻子夹向上，用口罩托住下巴，把上面的带子拉过头顶，放在头顶后面较高的位置，然后把下面的带子拉过头顶，放在头顶后面和耳朵下面。

（3）将两只手的指尖放在金属鼻夹的顶部，向内按压，同时向两侧移动，以形成鼻桥。

（4）检查口罩与脸部的密合性。

①用双手罩住口罩，避免影响口罩在脸上的位置。

②若口罩无呼气阀，快速呼气；若口罩有呼气阀，快速吸气。

③若空气从鼻梁处泄露，应重新调整鼻夹；若空气从口罩边缘泄露，应重新调整头带。

4. 手部防护：防护手套

作用：防止有毒有害或腐蚀性溶液沾染到手上，造成损伤。防止高温物体或火焰对手造成灼伤。

常用类型有以下 7 种。

（1）乳胶手套。乳胶手套耐酸碱、油脂及多种溶剂，具有良好的使用灵巧性和触感，耐磨、耐刺穿。

（2）耐酸碱手套。耐酸碱手套耐强酸强碱，属于橡胶手套的一种，使用灵巧性稍差。

（3）聚氯乙烯手套（PVC 手套）。PVC 手套耐弱酸弱碱，具有良好的灵活性和触感，但不耐刺穿。

（4）隔热手套。隔热手套分为普通隔热手套和阻燃耐高温隔热手套。一般在使用酒精灯、电炉、电热套、电热板、马弗炉等加热仪器时佩戴。

（5）丁腈手套。丁腈手套耐有机溶剂，但不耐酸碱，具有良好的灵活性和触感，不耐刺穿。

（6）棉纱手套。棉纱手套是一种棉质纤维机器织造而成的手套，具有一定的防割性，仅耐低温，在取放低温物品或有一般防割要求的情况下佩戴使用。

（7）防割手套。防割手套用高强金属丝复合纱、高分子纤维等材料制成，有效防止实验中的割伤。

5. 身体防护：实验服

作用：对全身的保护，防止有毒有害物质溅射到身上造成损伤。

6. 脚部防护：安全靴

作用：具有极强的防化学品腐蚀能力，防强酸、燃油及溶剂，耐 300℃高温。具有阻燃、防砸、防穿刺、防静电、防割、耐磨性能，适用化学品爆炸、火灾现场。

7. 辐射防护：个人剂量报警仪

作用：个人剂量报警仪是一种个人监测仪，主要用于监测 X 射线和 γ 射线。环境辐射超过辐射水平时，仪器发出连续声响和闪光的报警信号。可分为佩带式和腕式两种。

二、化学操作规范

规范的操作是保证实验安全的前提，更是化学实验成功的前提。因此，在做化学实验之前，必须了解和熟悉一些化学实验的操作规范。

（一）气体钢瓶及高压装置的安全使用

储存在气瓶内的气体压力较高，当高压气瓶遇到高温或剧烈碰撞时，易发生燃烧和爆炸，有毒气体泄漏还会造成人体中毒。

1. 气体钢瓶使用原则

正确识别气体钢瓶不同种类、不同颜色标识。使用前检查气瓶标识、检验日期、气体质量、是否漏气等，如不符合，拒绝使用。

（1）安装减压阀并旋紧螺扣；不得用其他表替代氧气压力表。根据气瓶性质不同，螺扣转向不同，可燃性及有毒气（如 H_2、C_2H_2）瓶气门螺丝为反丝；不可燃或助燃气（如 N_2、O_2）瓶为正丝。

（2）使用气瓶应专人搬运，放置专用场所，不得混放。实验室气体钢瓶必须直立用铁链、钢瓶柜等固定，以防止倾倒引发安全事故。

（3）使用地点应通风良好，避免日晒，严禁靠近火源、电气设备和易燃易爆物品。可以使用肥皂水检查气瓶是否漏气。

（4）开启高压气瓶时应站在进气口的侧面，不准将头或身体对准气瓶总阀，以防阀门或气压表冲出伤人。使用前缓缓旋开瓶阀，气体必须经减压阀减压，不得直接放气。

（5）正确开启气体钢瓶的顺序：反时针旋松调压旋杆，打开钢瓶总阀门，高压表显示瓶内总压力，顺时针缓慢旋动调压器手柄，至低压表显示实验所需压力。

（6）气瓶内气体不得用尽，需留有一定压力的余气，防止倒灌；否则空气或其他气体进入瓶内容易导致气体不纯，发生危险。

（7）正确关闭气体钢瓶。停止使用时，先关闭总阀门，待减压阀中余气逸净后，再关闭减压阀。

（8）学生使用气体钢瓶前，必须经过严格上岗培训，且有老师在场指导，指导老师有责任将可能发生的危险和应急措施清楚地告诉学生。

2. 实验室常用特种高压设备

特种高压设备通常是指工作压力大于或者等于0.1MPa，用于盛装介质为气体、液化气体，介质最高温度高于其标准沸点液体的密闭设备，如高压釜、安全阀、气瓶、压力容器、压力表等器械组合。

（1）高压釜使用要点。

①高压釜要在指定地点严格按照操作说明使用。明确铭牌，明确压力、温度等使用条件。

②定期检查安全阀等装置，测量仪表若有开裂要及时更换。

③操作时温度计要准确插到反应溶液中。

④放入高压釜的原料不得超过有效容积的1/3。

⑤盖上盘式法兰盘盖时，要对称拧紧螺栓。

⑥高温高压设备未冷却及泄压前，切勿开启。

（2）压力表是测量压力大小的仪表，用来测量容器内实际压力值，操作人员可以依据压力表指示的压力对容器进行操作，将压力控制在允许的范围内。

（二）实验室常用高温装置的安全使用

在化学实验中，使用高温装置较多，如果操作错误，除发生烧伤外，还会引起火灾爆炸等危险，因此，操作时必须谨慎。

1. 常用高温装置

常用高温装置有电热烘箱、电炉、马弗炉（电阻炉）等。

2. 高温装置使用注意事项

（1）准备工作。熟悉高温装置的使用方法及范围，严格按说明书进行操作并选用合适的容器和耐火材料，严禁加热易燃易爆危险品，做好高温对人体的辐射防护。

（2）高温装置在耐热性差的实验台上，要加垫防火板，并保留1cm以上空隙，以防着火。

（3）高温实验禁止接触水，急剧汽化的水会产生爆炸性并四处飞溅。要使用干燥的耐高温手套，否则因潮湿使导热性增大，水汽化更有烫伤手的危险。

（4）电热烘箱一般只用于烘干金属、玻璃容器和加热不分解、无腐蚀的样品。

（5）使用时炉膛温度不得超过最高炉温（最好在低于最高温度50℃以下工作），也不得在额定温度下长时间工作。实验过程中，使用人员不得离开，随时注意温度的变化，如发现异常情况，应立即断电，并由专业维修人员检修。

（6）温度超过600℃后不要打开炉门。若需要长时间注视高温火焰，一定要佩戴深色防护眼镜。

（7）实验完毕后关掉电源，待样品缓慢冷却后再小心夹取样品，防止烫伤。禁止使用敞开式电炉丝加热挥发性易燃物质。

（三）加热（熔样）

1．**酒精灯加热**

（1）戴上隔热手套（如棉纱手套）操作。

（2）用试管夹夹持试管给液体加热，加热时试管口不可对人，边加热边移动试管，使其受热均匀，防止液体受热不均冲出。

（3）用酒精灯加热烧杯、烧瓶等器皿时，要在三脚架上垫石棉网，使烧杯、烧瓶受热均匀。

注意事项：

①酒精灯加热烧杯、烧瓶等器皿时要用石棉网，是因为酒精灯火焰不能将器皿底部完全包住，不能使其均匀受热。石棉网是由两片铁丝网夹着一张经石棉水浸泡后晾干的棉布制成的。由于石棉是非可燃性物质，铁丝可将火焰的热量分散到整个石棉网，进而传到器皿的各个角落，使被加热器皿受热均匀。避免了因火焰长时间集中在器皿的某个点，致使器皿受热不均匀而爆裂。

②不可用手握住容器用力甩干容器里的水。用手握住容器用力甩干容器里的水的操作存在两个隐患：容器里的残留液体可能含有化学物质，若甩到操作人员的身上或实验台、柜门上，可能造成伤害，并损坏实验台和柜门；若容器没握紧或碰到物体，摔（碰）碎的玻璃碎片会对操作人员造成伤害。正确去除容器中水分的方法是将容器倒立控干水分，或用滤纸吸干水分，或借助干燥仪器（烘箱或气流烘干器等）进行干燥。

2．**电炉（电热套）加热**

（1）加热操作前要加入沸石以防爆沸，加热时操作人员不可离开，并佩戴隔热手套操作。

（2）取下正在沸腾的溶液时，必须用烧杯夹夹住器皿摇动后取下，以防溶液突然剧烈沸腾溅出伤人。

（3）如果有挥发性物质或有毒物质产生，必须在通风橱中进行。

3．**电热板加热**

（1）戴上隔热手套操作。

（2）如果有挥发性物质或有毒物质产生，必须在通风橱中进行。

（3）如果被加热物是坩埚，必须戴上隔热手套用坩埚钳取放坩埚。

4. 马弗炉熔样

（1）戴上隔热手套操作。

（2）将炉门火墙旋转到外侧，再用坩埚钳进行进样和取样操作。

（四）氢氟酸熔样

（1）佩戴橡胶手套、护目镜和口罩（酸性气体及颗粒物防护口罩）并在通风橱中操作。

（2）实验时用塑料量筒量取、塑料器皿盛放。如果用坩埚熔样，必须用坩埚钳取放坩埚。

（五）离心机使用

（1）使用前检查离心机是否摆放平稳。

（2）离心管对称放入离心机套管中。若只有一支离心管，要在对称位置放入另一支装等质量水的同型号离心管。

（3）离心机从低速开始启动，连续运转时间不能超过 3min，且使用过程中操作人员不能离开。

（4）使用离心机时要穿束紧袖口的实验服，束起长发，不能系领带，防止被卷入离心机造成危险。

（六）通风橱使用

在通风橱中操作可以快速将实验产生的有毒气体排走，有效地保护实验者不受有毒气体的毒害。因此，以下操作必须在通风橱中进行。

（1）使用挥发性大、具有恶臭味的物质，如：盐酸、醋酸、溴水、氯水、有机试剂（如苯、乙醚、丙酮等）、吡啶、苯乙酸、正丁酸、碘、一些含硫化合物以及浓酸、浓碱。

（2）产生有毒气体的实验，如：H_2S、Cl_2、Br_2、NO_2、HCl、HF、CO 等气体。

通风橱使用时需要注意：

①使用通风橱时，操作人员不能在其周围快速移动，因为由此会引起空气扰动，使空气从通风橱中溢出，向操作人员的方向流动。

②使用通风橱时，最好开窗通风。如果不能开窗通风的，要每 2h 进行 10min 的开窗通风，避免室内出现负压，影响通风橱使用效果。

③实验物品宜放在通风橱中间区域，太靠近通风橱门或后隔板都将阻塞进气和排气通道，影响空气在通风橱中的正常流通，从而降低通风橱使用效果。

④通风橱的玻璃门拉得越低，排气效果越好。

（七）基本操作注意事项

（1）开启挥发性强的有机试剂和一些强酸试剂瓶时，除在通风橱中进行外，还应注意开启时瓶口指向无人处，开启后其内塞不能丢弃，用毕要及时塞上内塞和外塞，并存放在试剂柜中（阴凉处）。

（2）有机溶剂挥发性强且易燃，使用时应在通风橱中进行，并远离火源和热源，使用完毕应盖紧瓶塞，放于阴凉处，以减少挥发和被人体吸入。由于有机溶剂能穿过皮肤进入人体，应尽量避免直接与皮肤接触。严禁用有机溶剂（汽油、氯仿、丙酮等）洗刷皮肤污染处。

（3）除了高温以外，液氮、强酸、强碱、强氧化剂、溴、磷、钠、钾、苯酚等物质都会灼伤皮肤，应避免直接与皮肤接触，操作人员操作时佩戴防护手套和护目镜，防止有关物质溅入眼中。

（4）由于浓硫酸遇水能放出大量的热，会导致沸腾飞溅，操作时需特别防护。操作人员应佩戴护目镜和防护手套（耐酸碱手套或乳胶手套）在通风橱中进行有关浓硫酸相关实验。

稀释硫酸时，在不断搅拌下，慢慢地将浓硫酸沿耐热器皿壁注入水中。切勿将水加注到浓硫酸中，否则会在局部产生大量的热引起硫酸溅射，十分危险。同样，氢氧化钠、氢氧化钾的溶解反应也是放热反应，也必须佩戴防护手套和护目镜并在通风橱中进行。

（5）嗅物质的气味时，用手在瓶口轻轻扇动，让极少量气体飘进鼻孔，不要把鼻子靠近瓶口直接嗅气味。

（6）将玻璃管插进橡皮塞孔内或往玻璃管上套橡皮管时，操作人员必须佩戴合适的手套，选择相匹配直径的玻璃管或橡皮管。首先将玻璃管端面烧圆滑，用水或甘油湿润管壁及橡皮塞内孔，握住橡皮管或塞子的侧面，一边微微转动一边把玻璃管插入橡皮管内或橡皮塞孔内。

（7）试剂标签的规范：书写规范，无破损。

第三节　危险化学品分类与使用安全

一、危险化学品分类

危险化学品（危险物品）是指具有爆炸、易燃、毒害、感染、腐蚀、放射性等危险特性，在运输、储存、生产、经营、使用和处置中，容易造成人身伤亡、财产损毁或环境污染而需要特别防护的物质和物品。

根据国家标准 GB 6944—2012《危险货物分类和品名编号》，将所具有不同危险性的危险物品分为九类。

（一）第 1 类：爆炸品

第 1 类爆炸品指在外界作用下（受热或撞击等）或其他物质激发，在极短时间内能发生剧烈的化学反应，瞬时产生大量的气体和热量，使周围压力急剧上升，对周围环境造成破坏的物品。

特性：强爆炸性、高敏感度、对氧无依赖性。

如：硝酸铵、三硝基苯酚（苦味酸）、三硝基甲苯（TNT）、硝化甘油。

（二）第 2 类：气体

第 2 类气体包括易燃气体、非易燃无毒气体、毒性气体。

易燃气体：压缩或液化的氢气、甲烷、乙烷、液化石油气。

特性：在常温常压下遇明火、撞击、电气、静电火花以及高温即会发生着火或爆炸。

非易燃无毒气体：压缩空气、氮气、氩气。

有毒气体：氯气、一氧化氮、一氧化碳、硫化氢、煤气。

（三）第 3 类：易燃液体

第 3 类易燃液体是指在闪点温度时放出易燃蒸气的液体或液体混合物。

特性：常温下易挥发，其蒸气与空气混合能形成爆炸性混合物，遇明火易燃烧。

如：乙醚、丙酮（闪点<-18℃）

苯、甲醇、乙醇、油漆（-18℃$<$闪点<23℃）

丁醇、氯苯、苯甲醚（23℃$<$闪点<61℃）

其中，闪点指该液体的蒸汽与空气混合形成燃烧混合物，遇明火发生短暂燃烧的最低温度。

燃点指该液体的蒸汽与空气混合形成燃烧混合物，遇到明火形成连续燃烧（持续时间不小于 5s）的最低温度。

从防火角度考虑，希望易燃液体的闪点、燃点高些，两者的差值大些。而从燃烧角度考虑，则希望闪点、燃点低些，两者的差值也尽量小些。

（四）第 4 类：易燃固体、易于自燃的物质、遇水放出易燃气体的物质

易燃固体：燃点和自燃点低，易燃烧爆炸。有赤磷、钠、粉末状固体，如镁、铝、铁、活性炭和硫黄粉。

自燃物品：化学性质活泼，自燃点低，空气中易氧化或分解，产生热量达到自燃。有黄磷、煤、锌粉。

遇湿易燃物品：遇水或受潮时发生剧烈的化学反应，放出大量易燃气体和热量，燃烧或爆炸。有锂、钠、钾、铷、铯、钙、镁、铝等金属氢化物（氢化钙）、碳化物（电石）、磷化物（磷化钙）、硼氢化物（硼氢化钠）、轻金属粉末（镁粉、锌粉）。

需要注意：①黄磷保存于水中，不要接触皮肤。②钠、钾保存于煤油中，切勿与水接触。反应残渣也易着火，不得随意丢弃。

（五）第 5 类：氧化性物质和有机过氧化物

氧化性物质：本身不一定可燃，但通常因放出氧或起氧化反应可能引起或促进其他物质燃烧的物质。有硝酸钾、氯酸钾、过氧化钠、高锰酸钾。

有机过氧化物：分子组成中含有过氧基的有机物质，该物质为热不稳定物质，可发生放热的自加速分解。有过氧化苯甲酰、过氧化甲乙酮、过苯甲酸。

特性：强氧化性，遇酸、碱、有机物、还原剂时，发生剧烈化学反应而引起燃爆。对碰撞或摩擦敏感。

（六）第 6 类：毒性物质和感染性物质

毒性物质：经吞食、吸入或皮肤接触后可能造成死亡或严重受伤或健康受损害的物质。

感染性物质：含有病原体的物质，包括生物制品、诊断样品、基因突变的微生物、生物体和其他媒介，如病毒蛋白等。

常用毒性化学试剂：

（1）氰化物：氰化钾、氰化钠、氯化氰等。

（2）重金属：砷及其化合物 [三氧化二砷（别名：砒霜）、有机砷化物]、铍及其化合物、汞及其化合物（氯化汞、硝酸汞）、氯化钡、铊化合物（氧化铊、硝酸铊等）、六价铬（重铬酸钾、铬渣）、铅、铍、镉（硫酸镉、氧化镉）、钼酸铵等。

（3）酸：硫酸、硝酸、氢氟酸。

（4）有毒气体：二氯乙烷、三氯乙烷、三氯甲烷、二氯硅烷、苯胺、芳香胺、硫化氢、甲醛、氯气、一氧化碳、一氧化氮等。

（5）有机物：苯及苯类物质（氯化氢苯、甲苯、二甲苯、3，4 – 苯并芘、联苯胺及其盐类、4– 硝基联苯、间苯二胺）、乙腈、丙烯腈、有机磷化物、三氯化锑、溴水、四氯化碳、三硝基甲苯、环氧乙烷、环氧氯丙烷、四氯化硅、甲醇、间苯二胺、正丁醇、丙烯酸、邻苯二甲酸、二甲基甲酰胺、己内酰胺、硝基苯、苯乙烯、萘、黄曲霉素 B1、亚硝胺、等、萘胺、丙烯腈、氯乙烯、二氯甲醚、偶氮化合物、三氯甲烷（氯仿）、硫脲等、有机氟化物。

（6）其他有毒试剂：黄磷、二氧化锰、二硫化碳、三氧化二铝、石棉等。

毒性物质按分级标准可分为剧毒品、有毒品、有害品，具体参考表 5–1。

表 5–1 毒性分级标准

分级	经口半数致死量 LD_{50}/（mg/kg）	经皮接触 24h 半数致死量 LD_{50}/（mg/kg）	吸入 1h 半数致死浓度 LC_{50}/（mg/L）
剧毒品	$LD_{50}<5$	$LD_{50}<40$	$LC_{50}<0.5$
有毒品	$5<LD_{50}<50$	$40<LD_{50}<200$	$0.5<LC_{50}<2$
有害品	$50<LD_{50}<500$	$200<LD_{50}<1000$	$2<LC_{50}<10$

注 半数致死量（median lethal dose，LD_{50}）表示在规定时间内，通过指定感染途径，使一定体重或年龄的某种动物半数死亡所需最小细菌数或毒素量，是描述有毒物质或辐射的毒性的常用指标。

（七）第 7 类：放射性物质

含有放射性核素且其放射性活度浓度和总活度都分别超过 GB 11806—2019《放射性物质安全运输规程》规定的限值的物质。如：镭 –226、钴 –60、铀 –23、铯 –137、碘 –131。

（八）第 8 类：腐蚀性物质

腐蚀性物质是指通过化学作用使生物组织接触时造成严重损伤或在渗漏时会严重损害甚至毁坏其他货物或运载工具的物质。

酸性腐蚀品：盐酸、硫酸、硝酸、磷酸、氢氟酸、高氯酸、王水（一定体积的浓硝酸和浓盐酸混合而成）。

碱性腐蚀品：氢氧化钠、氢氧化钾、氨水。

其他腐蚀品：苯、苯酚、氟化铬、次氯酸钠溶液、甲醛溶液等。

（九）第 9 类：杂项危险物质和物品

杂项危险物质和物品是指具有其他类别未包括的危险的物质和物品。如：危害环境物质、高温物质、经过基因修改的微生物或组织。

二、危险化学品使用安全

（一）储存危险化学品的一般原则

（1）危险化学品应储存在合适的容器中，并贴有规范标签。

（2）严格按化学物质的相容性分类存放（表 5–2）。

（3）易燃、易爆及强氧化剂只能少量存放，且储存于阴凉避光处。

（4）易燃且易挥发液体需储存在通风良好的试剂柜里，远离火源，严禁存放在普通冰箱中。因为冰箱是一个相对封闭的空间，挥发性物质在里面聚集达到闪点，当压缩机启动时产生的电火花会点燃挥发性物质，发生燃烧和爆炸。

（5）剧毒药品专柜上锁，专人（两人）保管。

（6）定期检查所储存的化学品，及时更换脱落或破损的试剂瓶标签。及时清理变质或过期的化学品，并委托具有处理资质的单位对其进行处理。

表 5-2 化学品配伍禁忌一览表

化学物质	禁忌	混合后可能的危害
氧化剂（卤素、过硫酸铵、过氧化氢、重铬酸钾、高锰酸钾、高氯酸、硝酸铵）	还原剂（氨水、碳、金属、磷、硫黄）、有机物	氧化剂和还原剂，氧化剂与某些有机物发生强烈的化学反应，可能导致火灾或爆炸
氧化剂	可燃物	混触发火
无机酸（高氯酸、硝酸、铬酸）	有机酸（乙酸、甲酸、三硝基苯酚、丙烯酸）	具有氧化性的无机酸与有机物发生化学反应，增加燃烧率；与氧气接触产生燃烧反应
盐酸	氰化钾、硫化钠、亚硝酸盐、亚硫酸盐等	与酸反应产生有毒气体
硝酸	胺类	混触发火
硫酸	高氯酸盐、氯酸盐、高锰酸钾	爆炸
高氯酸	金属、易燃物质、乙酸酐、铋、铋合金、有机物	高温时为强氧化剂，与金属、木材以及其他易燃物质发生化学反应，形成易爆炸化合物
黄磷	空气、火、还原剂	燃烧
氰化物	酸	产生有毒氰化氢气体
乙酸	铬酸、硝酸、羟基化合物、胺类、高氯酸、过氧化物、高锰酸盐	
碱金属及碱土金属	水、二氧化碳及其他氯化烃类、卤素	
铬酸	乙酸、萘、樟脑、丙三醇（甘油）、易燃液体	
硝酸铵	酸、金属粉末、硫黄、易燃液体、氯酸盐、亚硝酸盐、可燃物	
过氧化氢	铜、铬、铁，大多数金属及其盐类，任何易燃液体、可燃物、胺类	
过氧化钠	还原剂，如甲醇、冰乙酸、乙酸酐、苯甲醛、二硫化碳、丙三醇（甘油）、乙酸乙酯、呋喃、甲醛等	

续表

化学物质	禁忌	混合后可能的危害
有机过氧化物	酸类（有机及无机）	产生大量的热量和气体，可能导致爆炸或火灾
高锰酸钾	甘油、乙二醇、苯甲醛及其他有机物、硫酸	
氯酸钾（钠）	酸、铵类、金属粉末、硫黄、有机物、红磷	生成对冲击、摩擦敏感的爆炸产物
亚硝酸钠	酸、铵盐、还原剂	
氧化钙（生石灰）	水	
五氧化二磷	水	
氟	与所有试剂隔离	
溴	氨、乙炔、丁二烯、丁烷甲烷、丙烷、氢气、碳化钠、苯、金属粉末	
碘	乙炔、氨气及氨水、甲醇	
活性炭	次氯酸钙（漂白粉）、氧化剂	
乙炔	氟、氯、溴、铜、银、汞	生成对冲击、摩擦敏感的铜盐
三硝基苯酚（苦味酸）	铅等金属、金属盐	生成对冲击、摩擦敏感的铅盐
丙酮	浓硫酸和浓硝酸的混合物，氟、氯、溴	
易燃液体	硝酸铵、铬酸、过氧化氢、过氧化钠、硝酸、卤素	
碳水化合物	氟、氯、溴、铬酸、过氧化钠	
甲醛、乙醛	酸类、碱类、胺类、氧化剂	
肼	过氧化氢、硝酸、氧化剂	
砷及砷化物	还原剂	

（二）危险化学品的安全使用

（1）使用危险化学品时，一定要做好防护措施，如佩戴防护手套、护目镜和口罩等。

（2）加热易燃液体时，要在通风橱中使用水浴、加热套进行加热，避免明火、静电和热表面。

（3）粉尘较多的实验室，除了采取有效的通风和除尘措施外，一定注意防止明火、静电引起粉尘爆炸。

小知识

发生粉尘爆炸的三个条件

①可燃性粉尘以适当的浓度在空气中悬浮，形成人们常说的粉尘云。

具有爆炸性粉尘有无机材料（如镁粉、铝粉、铁粉、锌粉、硫粉）、煤炭、粮食（如小麦、淀粉）、饲料（如血粉、鱼粉）、农副产品（如棉花、烟草）、林产品（如纸粉、木粉）、合成材料（如塑料、染料）。

②有充足的空气和氧化剂。

③有火源或者强烈振动与摩擦。

（4）使用有刺激性气味的化学品时，应在通风橱中进行，并做好防护措施，如佩戴防护手套和口罩等。

（5）易燃化学品（如有机溶剂、金属钾、钠等）一定不能直接倒入水槽，否则极易引发火灾。此外，有机溶剂还会腐蚀下水管道，造成管道漏水。

（三）实验废弃物分类回收

实验产生的有毒有害废弃物不能随意丢弃或排放，应按照相关规定进行分类回收处理，以免造成安全事故和环境污染。有毒有害废弃物一般分为固态、液态和气态三种形态，应按不同的方式进行处理。

（1）实验废液需用专用容器或旧试剂瓶收集，并根据回收物的相容性和危险级别分开收集存放。其中废液收集容器要具有良好的密封性。

（2）每个收集容器上必须贴上有“危险废弃物品”字样的标签，并附有包含以下信息的实验废液登记表：

①实验废弃物成分、回收日期（第一滴危险废弃物质滴入容器日期）。

②产生实验废弃物的地点和人员姓名。

（3）一般实验室将废液分为三类进行收集：一般无机物废液、一般有机物废液、含卤有机物废液。

（4）如有可能与收集容器中已有的化学物质发生反应而产生有毒有害物质，则必须另取收集容器进行单独收集存放。

（5）含剧毒化学品的废液或含易与其他化学品发生反应的废液应分别单独存

放，如氰化物、丙酮、二氯甲烷、汞、六价铬、硼、氢氟酸等。

（6）含稀酸、稀碱或无毒盐类实验废液可直接排入下水道，但必须在排前、期间和排后都用大量水对下水道进行冲洗。

（7）含有机溶剂如乙醚、苯、丙酮、三氯甲烷、四氯化碳等废液不能直接倒入水槽（会腐蚀下水管、污染环境），应倒入收集容器中回收。

（8）收集容器所收集的废液不能超过器皿最大容量的 80%，且应在阴凉处保存，远离火源和热源。

（9）相关部门委托具有处理实验废弃物资质的单位定期对实验废弃物进行回收处理。

第四节　化学实验室水电与消防安全

一、化学实验室用电安全

掌握电气事故的特点和分类，对做好实验室电气安全工作具有重要意义。

（一）电气事故的特点及预防

1. 造成触电事故的原因

（1）实验室线路发生漏电、短路、过负荷、静电事故。

（2）违规操作。

（3）高压系统因误操作产生的强烈电火花。

（4）人体过分接近带电体而产生的电弧。

（5）电路接触不良。

（6）带电改装电气线路。

（7）线路或设备过电流运行。

（8）电热器挨近易燃物。

（9）绝缘老化或破坏。

2. 高校实验室电气事故的预防

（1）切不可用湿润的手去开启电源开关，严禁使用湿布擦拭仪器。

（2）使用加热电器时操作人员不得离开。

（3）使用大功率电器前，先检查是否为专线连接，电线是否存在破损、老化现象。

（4）仪器发生故障或停电时首先关闭仪器电源。

（5）发生用电事故时首先关闭实验室的总电闸。

（6）检修电路先拉闸，并有警示标示，合理使用安全用具，尽量单手操作。

（7）电器或电源着火，又无法关闭电源时，用干粉灭火器灭火。

（二）电气使用基本常识

1. 正确使用插座

（1）两孔：用于小型单相电器，电压 220V。

（2）三孔：用于带金属外壳的电器和精密仪表，电压 220V。

（3）四孔：用于提供动力电，火对中 220V；火对火 380V。

（4）使用电气设备时不可以用两孔插头代替三孔插头。

（5）电源插座都标有最大允许通过电流，不能将小电流插座配置给大功率电器，以免过热烧毁，引发火灾。

2. 漏电、短路、过负荷

（1）漏电通常是由绝缘层腐蚀、高温、老化等损坏引起；元器件或电路板受潮或积灰可能造成高、低压连接外壳带电。

（2）短路是指电路中相线与相线、零线与相线或接地之间的接触，不通过负载或电阻，造成电气回路中电流大量增加的现象。发生短路时，线路中电流增加几倍或几十倍，易引起绝缘材料的燃烧。

（3）过负荷是指在电力系统中发电机、变压器及线路的电流超过额定值或规定的允许值。电器一般在其额定负载或小于额定负载情况下可以长期安全工作，如果超过其额定负载，将导致损耗增加，发热严重，绝缘老化甚至破坏，最终导致设备报废。

（4）人体通过 1mA 的电流就有麻刺感，10mA 以上肌肉会强烈收缩，25mA 以上则呼吸困难，有生命危险；直流电对人体也有类似的危险。

3. 静电事故

一些材料的摩擦是产生静电的主要原因。虽然静电不会直接致命，但其电压可以高达几十千伏。静电放电过程中产生的静电火花容易引起爆炸和火灾，同时放电时的电流会对精密仪器造成损坏。

（1）静电的危害。

①静电火花是可燃物的危险源，易引起火灾爆炸事故。

②人体受到静电电击刺激，引发恐惧心理造成事故。

（2）正确的预防静电措施。

①适当提高工作场所湿度。

②穿着不易产生静电的工作服。

③操作之前，先接触金属接地棒，以消除人体电位。

4. 实验室设备使用禁忌

①严禁使用明火和可能产生电火花的电器。

②使用仪器设备前应仔细阅读说明书。

③禁止在家用电冰箱和冰柜里存放易燃或不稳定的化学物质，因为这容易引起爆炸。

④不得在烘箱内存放、干燥、烘焙有机物。实验完毕，应立即关闭电器。

安全用电小常识

实验室常用电频率为50Hz/220V的交流电。

（1）国际规定，电压在25V以下时不必考虑防止电击的危险。低压验电笔一般适用于交直流电压为500V以下。

（2）为避免线路负荷过大引起火灾，功率1kW以上的设备不得共用一个接线板。

（3）负载处于工作状态时，不可以插、拔、接电气线路。如果在实验过程中，闻到烧焦的气味应立即关机并报告相关负责人。

（4）触电事故中，绝大部分是人体接受电流，遭到电击导致人身伤亡。

（5）任何电气设备在未验明无电时，一律认为有电，不能盲目触及。

（6）电源插座附近不应堆放易燃物等杂物。

（7）计算机使用完毕后，应将显示器的电源关闭，以避免电源接通，产生瞬间的冲击电流。

（三）触电急救

1. 应急措施

一旦发现有人触电，应立即手动将实验室总漏电保护器开关拉闸断电。切勿试图关闭触电者接触的仪器设备开关或电源插头，因为仪器极有可能存在漏电风险。

2. 脱离电源

（1）脱离低压电源的方法：拉、切、挑、拽、垫。不能直接拉拽触电者，应用木棒或其他绝缘物将人与带电体分离。

（2）脱离高压电源的方法：立即电话通知有关部门停电；或戴上绝缘手套，穿上绝缘鞋，使用相应电压等级的绝缘防护工具拉下断路器。

3. 现场救护

实验室人员发生触电时，应迅速切断电源，就近移至通风干燥处，轻者应确保保暖、呼吸通畅；重者应实施心肺复苏术，并在实施救护同时通知医护人员尽快到达现场。

二、化学实验室用水安全

1. 实验室常见水患

（1）冷却水漏入反应容器，导致可燃物遇水燃烧爆炸。

（2）冷凝错误操作顺序，即先开加热后开水管，引起温度失控。

（3）实验完毕忘记关水龙头。

（4）由于上下水管路堵塞、滴漏，可能导致水灾发生。

2. 安全用水

（1）实验用毕及时关闭水龙头。

（2）水槽漏水口要及时清理，防止纸屑、碎玻璃渣、抹布等杂物堵塞；防止跑、冒、滴、漏。

（3）使用能与水发生反应的化学试剂时，一定注意避免与水产生接触。

（4）遇到停电停水等情况，实验室人员必须检查电源和水源是否关闭，停水时尤其要逐一检查并关闭所有水龙头。避免重新来电来水时发生相关安全事故。

三、化学实验室消防安全

进行化学实验，由于环境因素和人为因素，极有可能造成火灾与爆炸的发生。

火灾是指失去控制并对人身和财产造成危害的燃烧事故。几乎所有的实验室都可能发生火灾。

（一）引起火灾的直接原因

（1）使用明火，接触易燃物。

（2）操作不慎或使用不当等引起火灾。

（3）供电线路老化、短路。

（4）忘关电源，致使通电时间过长，温度过高发热。

（二）容易引起火灾的物质

1. 易燃固体

易燃固体包括磷及化合物、硝基化合物、锂钠镁锌等金属粉末、有机叠氮化合物、硝化纤维素、聚甲醛、漆纸、硫化物以及油布、木材、棉、橡胶、纸张等，操作不当极易引发火灾。

易燃固体的特性：

①燃点低（300℃以下），对热、摩擦、撞击敏感。

②放出有毒烟雾，遇湿、酸、氧化剂易燃易爆。

③单体具有不稳定性、自燃性、阴燃性。

2. **易燃液体**

易燃液体包括乙醚、乙醛、丙酮、汽油、苯、氯化苯、醇类、四氢呋喃、乙酸乙酯、油漆和多种有机溶剂等。

易燃液体的特性：

①沸点低，闪点低，挥发性强。

②黏度小，易流动，电介质。

③毒害性。

3. **易燃气体**

易燃气体包括压缩成液化的氢气、甲烷、乙烷、乙烯、乙炔、硫化氢等。

易燃气体的特性：

①常温常压下遇明火、撞击、电气或接触油脂的易燃。

②光照或受热体积膨胀超过容器耐压易爆。

③泄漏、倒灌与空气混合等易引起燃烧爆炸。

（三）化学实验室爆炸事故起因

爆炸事故多发生在具有易燃易爆物品和高压容器的实验室，其直接原因有：

（1）违章操作。

（2）设备老化、存在缺陷，未定期检验。

（3）易燃易爆物品泄漏，遇火花易引起爆炸。

（四）容易引起爆炸的物质

（1）爆炸品：强氧化剂和某些混合物、久放的银氨溶液、聚氮化合物、三硝基苯酚、叠氮化物、硝化甘油、炔的盐类等。

（2）形成爆炸混合物过氯酸盐、过氧化物、硝酸盐类。

（3）压缩气体钢瓶氢气、乙炔等。

易爆物质性质极不稳定，受轻微震动，接触火星、酸、碱等即可发生爆炸。

（五）化学品使用注意事项

（1）开启贮有易挥发液体的瓶盖时，瓶口应指向无人处。

（2）严禁在开口容器或密闭体系中用明火加热有机溶剂。

（3）严禁研磨某些强氧化剂（如氯酸钾、硝酸钾、高锰酸钾）或其混合物。

（4）存放药品，应将有机药品与强还原剂、强氧化剂（如氯酸钾、高锰酸钾、浓硝酸、过氧化物）远离热源，分开存放。

（5）黄磷应储存于水中，金属钠、钾储存于煤油中，反应残渣不得随意丢弃要固定回收。

（6）废溶剂严禁倒入污物桶，应收集于指定的回收瓶内集中处理。

（六）气体使用注意事项

（1）使用氧气钢瓶时，不得让氧气大量溢入室内。

（2）操作大量可燃性气体时，应防止气体逸出，并保持室内通风良好，同时严禁使用明火。

（3）气瓶开关应经常检查，确保其处于良好状态。

（七）报警灭火及应急处理

火灾对实验室的威胁最为严重和直接。应加强对火灾三要素（易燃物、助燃物、点火源）的隔离，控制和预防实验室火灾的发生。

1. 初期火灾的扑救与报警

争分夺秒扑灭“初期火灾”。在火灾初起阶段，由于火势弱且燃烧面积小，迅速扑灭初起火灾至关重要。采取正确的扑救方法并及时有效地行动，会减少火灾损失，并防止人员伤亡。

实验室发生火警、火灾时，应立即采取措施灭火，并向校保卫处或 119 报警，具体操作可以分为三步：

火初起，及时灭；火蔓延，速逃离，同时报警。

（1）情绪镇定，准确告知火灾的详细地点、着火原因、火灾范围、火场人员分布情况等。

（2）说明自己的身份、联系电话，车辆是否能进入，周围是否有消防栓等。等对方提示后方可挂断电话。

（3）在安全的路口接应，确保消防人员准确到达火场。

2. 灭火方法

灭火方法主要有以下四种。

（1）冷却法：将灭火剂直接喷射到燃烧物上，使燃烧停止，或者将灭火剂喷射在火源附近的物体上，避免形成新的火点。常用的灭火剂是水和二氧化碳。

（2）窒息法：阻止空气进入燃烧区，使燃烧无法得到足够的氧气而熄灭。如用不燃物捂盖燃烧物等，或用二氧化碳、氮气、惰性气体等灭火器灭火。

（3）隔离法：将火源与其周围的可燃物隔离，如关闭可燃气体，拆除与火源毗邻的易燃建筑物等。

（4）化学抑制法：使灭火剂参与到燃烧反应过程中，从而使燃烧停止。如用干粉灭火剂、卤素灭火剂。

知识点

氮气灭火剂、烟烙尽灭火剂、七氟丙烷灭火剂适用于扑救数据中心、博物馆等特殊场所火灾，并已在全世界范围内开始使用。

化学实验室常见火灾及灭火方法：

（1）电器着火的处理：电气线路着火，要先切断电源，再用干粉灭火器或二氧化碳灭火器灭火，不可直接泼水灭火，以防触电或电气爆炸伤人。

（2）化学试剂引起着火的处理：立即用湿布、细沙覆盖，或直接用干粉灭火器、二氧化碳灭火器灭火，严禁用水灭火。

（八）火场逃生与自救

由于火灾发生的突发性、火情的突变性、人员处理火情的瞬时性，因此，火灾来临能否成为幸存者，固然与火势的大小、起火时间、楼层高度等有关，还与被困者的自救能力以及是否懂得逃生的步骤和方法等密切相关。

1. 火灾现场的特性与危害

（1）高温高热：起火到蔓延仅需 7min，火场温度即可达 300 ~ 400℃。

（2）缺氧：正常空气中含氧量为 21%，火灾时由于燃烧，含氧量急剧下降至 6%，8 ~ 16min 即可使人窒息死亡。

（3）有害气体和烟尘：火灾产生大量一氧化碳等有毒有害气体，若浓度在 0.5%，30min 内人就会死亡；当浓度达到 1%，2min 内人就会死亡。

因此一旦被火围困，生命受到威胁，需争分夺秒，设法脱险。

2. 火场逃生技巧

（1）熟悉环境，牢记出口，临危不乱。在实施逃生之前，一定要使自己保持头脑清醒，根据周围环境选择合适逃生路径。每个人都必须熟悉自己的工作、学习或居住疏散通道、安全出口和楼梯位置，以便在关键时刻尽快撤离现场。尽可能选择下楼逃生。如果通道被烟雾堵塞，应该逆着烟雾方向寻找出口，或通过阳台、空气窗等逃离室外。

（2）火灾造成死亡通常并非直接由烧伤引起，而是由于吸入燃烧产生的毒害气体窒息或被热空气灼伤呼吸系统引起。由于烟气较空气轻而飘于上部，因此，逃生过程中应使用毛巾、衣物（打湿）将口鼻捂严，尽量贴近地面（如匍匐、弯腰）撤离火场。如果发现身上着火，应立即用水浇灭，并尽快设法脱掉衣服或就地打滚压灭火苗。惊跑和用手拍打只会形成风势，助长火势。

（3）暂时无法逃离的人应尽量留在阳台、窗户和其他容易找到并能避开烟火的地方。尽量将亮丽的衣服摇出窗外，不断地闪着手电筒，并能及时敲击物体发出有效的求救信号。

（4）如果用手触摸门感觉很热，这表明门后可能有火焰或烟雾。在这种情况下，不要打开门。相反，应关上面向火场的门窗，并用湿布堵住门缝，或用水浸湿被子，盖好门窗，再用水浸湿房间，以防烟火渗入。同时尽量移动到墙边或门边，保持低姿态等待救援人员的到来。

（5）高层或多层建筑发生火灾后，可以迅速利用周围的绳子或床单、窗帘、衣服和其他自制的简单救生绳。将其用水湿润后，可以沿着绳子从窗台或阳台滑到下面的地板或地面上逃生。

3. 逃生禁忌

（1）充分利用通道，不要进入电梯。发生火灾时，不要乘坐电梯，因为电梯可能失去动力或控制，而且由于“烟囱效应”，电梯井道容易成为烟雾通道。

（2）在火灾面前，不存在所谓的安全之地，也不应有对财产的贪恋。那些从火灾中逃出来的人切勿再回到危险中去。在火灾现场，人们的生命安全是最重要的。不要因为害羞或想要保护贵重物品而浪费宝贵的逃生时间去穿衣服或寻找和携带珍贵的东西。

（3）切勿在没有其他选择的情况下盲目跳楼。即使跳楼也要跳在消防队员准备好的救生气垫。跳楼虽可求生，但会对身体造成一定的伤害，所以要慎之又慎。

第五节　化学实验室安全应急设备及安全事故紧急处理

一、化学实验室安全应急设备

化学实验室一般配有常用的实验室安全应急设备，以备紧急情况时使用，并最大限度地减少实验意外事故对实验者的伤害。因此，实验者进入实验室前，首先要学会正确使用这些实验室安全应急设备，并且清楚其具体的安放位置，做到有备无患。

（一）喷淋器及洗眼器

1. 喷淋器

作用：将溅射到身体上的化学有害物质尽快冲洗掉，最大限度降低酸、碱、有机物等有害化学物质对身体的伤害。特别针对大面积溅射有害化学物质的情况，降低伤害的效果明显。

用法：如果有化学物质溅射到身上或衣物上，应立即站在喷淋头下方，下拉拉手，水即从喷淋头喷出，将化学物质冲洗掉。

注意：

（1）维护人员要定期检查喷淋器是否保持正常工作状态，特别要检查水闸是否为打开状态（逆时针旋转为“开”）。

（2）在喷淋的同时，应将受污染的衣物尽快脱掉，同时将鞋脱掉，防止含化学物质的水积存在鞋子里造成二次伤害。

（3）如果气温偏低，喷淋结束后应及时采取保暖措施。

2. 洗眼器

作用：将溅射到眼睛里的化学有害物质尽快冲洗掉，最大限度降低酸、碱、有机物等化学有害物质对眼睛的伤害。

洗眼器分为固定式（台式）和便携式两大类。

用法：

（1）固定式：如果有化学物质溅射到眼睛里，立即打开洗眼器开关，将眼睛对准洗眼器喷出的雾状水流，并眼睛进行持续 15min 以上喷洗。

（2）便携式：先按下手柄试用几秒，对洗眼器整个内部系统进行短暂冲洗，然后将喷头对准眼部感染处，按下手柄，确保喷头喷出的雾状水流持续喷洗眼部至少 15min。

问与答

问：为什么不能用水龙头代替洗眼器清洗眼部?

答：洗眼器喷出的雾状水流压力大小合适，既能有效清洗溅射到眼睛里的污染物，又不至于对眼睛内部组织造成伤害。水龙头流出的水流为水柱而不是水雾，水压不易控制。水压太小，不能有效清洗溅射到眼睛里的污染物；水压太大，水流会对眼睛内部组织造成伤害。

（二）急救箱

一般化学实验室应备有急救箱，用于发生紧急情况时，伤者就医前的现场急救处理。

急救箱中主要包括以下物品。

（1）酒精棉：救前用来给双手或急救工具消毒。

（2）碘伏消毒液：用于皮肤、黏膜的消毒；创口的清洗和消毒。用无菌棉、脱脂棉或脱脂纱布蘸取本品原液，均匀地涂于需要消毒的部位，并保持作用3min。

（3）0.9%生理盐水：清洗伤口。

（4）烫伤药膏：轻度烫伤时涂抹。

（5）创可贴：用于小面积的创伤应急治疗，从而起到暂时的止血、保护创面的作用。

（6）绷带：包扎伤口。

（三）烟雾报警器

烟雾报警器，又称火灾烟雾报警器，一般吸顶安装。

组成：检测烟雾的感应传感器和电子扬声器。

作用：一旦发生危险可以及时提醒人们。

二、化学实验室安全事故紧急处理

（一）心肺复苏术

因心脏病、窒息、触电、中毒等原因引发的心脏骤停，造成人体血液循环中断，依托血液循环进行的氧气供应随之停止，大脑和人体重要器官组织缺血缺氧4～6min就会造成不可逆的损害，如不能得到及时有效的救治，常致患者即刻死亡，即心脏性猝死。因此心脏骤停后的心肺复苏（cardiopulmonary resuscitation，CPR）必须在现场立即进行。

大量实践证明：

（1）4min内实施心肺复苏术者，有50%的可能性被救活。

（2）4～6min实施心肺复苏术者，有10%的可能性被救活。

（3）超过6min存活率仅4%。

（4）超过10min存活率几乎为0。

当有人出现以下心脏骤停的临床表现时，必须立即进行现场心肺复苏。

（1）无意识：病人意识突然丧失，对刺激无反应，可伴四肢抽搐。

（2）无脉搏：心音及大动脉搏动消失，血压测不出。

（3）无呼吸：面色苍白或发绀，呼吸停止或濒死叹息样呼吸。

（二）心肺复苏急救步骤

1. 识别与呼叫（时间控制在5～10s内完成）

轻轻摇动患者双肩，高声呼喊“喂，你怎么了？”如认识患者，可直呼其姓名，如患者无反应，说明意识丧失。

2. 心肺复苏

心肺复苏操作方法可遵循C–A–B。

C—胸部按压（compression）；A—开放气道（airway）；B—人工呼吸（breathing）。

（1）C—胸部按压（compression）。

①体位：患者仰卧于硬质平面上。患者头、颈、躯干平直无扭曲，头部不得高于胸部，并松解其衣领等可能束缚呼吸的衣物。

②按压部位：人体两乳之间胸骨上。

③按压方法：按压时上半身前倾，双肩正对患者胸骨上方，将一只手的掌根放在患者胸骨中下部，然后两手重叠，确保手指离开胸壁，双臂绷直，以髋关节为轴，借助上半身的重力垂直向下按压。每次抬起时掌根不要离开胸壁，并应随时注意有无肋骨或胸骨骨折。

④按压频率：> 100 次 /min。

⑤按压幅度：> 5cm 或者胸廓前后径的 1/3，压下与松开的时间基本相等，压下后应让胸廓充分回弹。

小知识

一手的掌根部放在按压区，另一手掌根重叠放于手背上，使第一只手的手指脱离胸壁，以掌根向下按压。

（2）A—开放气道（airway）。

①去除气道内异物：如无颈部创伤，清除口腔中的异物和呕吐物时，可一手按压开下颌，另一手用食指将固体异物钩出，或用指套或手指缠纱布清除口腔中的液体分泌物。

②“仰头抬颏法”打开气道：当患者意识丧失后，由于舌肌松弛，舌根后坠，舌根部贴附在咽后壁，可能造成气道阻塞。开放气道的最常用方法是压额提颏法：一手压前额，另一只手置于下颏骨（即下巴）正中骨性部分，向上抬起，使下颌尖、耳垂连线与地面垂直，从而使气道畅通。

（3）B—人工呼吸（breathing）。

①用按于前额手的食指和拇指捏紧患者鼻孔。

②正常吸气后紧贴患者的嘴，要把患者的口部完全包住。

③缓慢向患者口内吹气（1s 以上），足够的潮气量以使患者胸廓抬起。

④每一次吹气完毕后，应与患者口部脱离，抬头看患者胸部，吹气频率 10 ~ 12 次 /min。

⑤胸部按压和人工呼吸交替进行，以按压 30 次、人工呼吸 2 次为一个循环。

心肺复苏术相当耗费施救者的体力，无论采取哪种方式，都一定要坚持，不可中断，直至病人恢复心跳和自主呼吸或医务人员赶到现场。

小知识

（1）如果普通人不愿或不能给予被施救者口对口人工呼吸，也可做单纯的胸外按压，在早期几分钟内同样也是有效的。

（2）不应该去搬动所有的急救对象，除非意外发生现场存在极高危险性。尤其是交通、创伤后出现颈椎或脊柱损伤迹象或高度怀疑的患者，更不宜挪动，避免造成二次损伤。

（三）烧（烫）伤紧急处置

1．轻度烧（烫）伤

如果创面红肿、起水泡，要先在创面覆盖干净的厚纱布、毛巾等再冲洗，不能直接用冷水冲洗。

如果创面是头部、躯体等不便冲洗、浸泡的部位，可用干净的厚纱布、毛巾等蘸冷水敷伤处。

小知识

烧（烫）伤处置的几大误区

对于烧（烫）伤的处置，民间一直有许多偏方，如：用酱油、白酒、牙膏、食用油、草木灰等涂抹烧烫伤处等。在这些偏方中，存在一些误区。

（1）涂抹酱油的危害：酱油中含有细菌，容易引起伤口感染。而且，酱油的深色掩盖了伤口的颜色，给医生判断伤口深浅和范围增加了难度。

（2）涂抹白酒的危害：酒精对创面有很强的刺激性，对蛋白质有凝固作用，会加深创面损伤。

（3）涂抹牙膏的危害：有一定清凉效果，但难以清洗。牙膏属酸性，其化学物质会导致创面加深。

（4）涂抹食用油的危害：烧烫伤伤口都会渗水，涂抹食用油封住了创面，易形成积水，导致感染和溃烂。

（5）涂抹草木灰的危害：干净的草木灰有一定收敛伤口的作用，适用于比较小的伤口，然而创面比较大时则不建议使用。而且，很难保证草木灰的清洁度，脏的草木灰会导致伤口感染。

2. 中、重度烧（烫）伤，较大面积烫伤

脱：移除烧（烫）伤部位的衣物，如果衣物与皮肉已粘在一起，则要由相关专业人员处理。

盖：用消毒纱布或干净毛巾覆盖伤口。

送：现场处理后，立刻到医院就诊。

（1）创面不能涂抹任何液体，以免感染伤口，同时也会影响医生对烧（烫）伤深度的判断。

（2）如有水泡不要轻易挑破，最好到医院请医生处理，以免造成感染。

问：为什么要用干净冷水持续冲洗15min，再用干净的冷水浸泡创面15 ~ 20min？多少温度的冷水处理创面合适?

答：烧（烫）伤后第一时间用冷水处理，冷水能迅速“中和”渗入皮肤的热量，减少余热造成深部组织的损伤，使疼痛减轻。冷水处理还能减少可能沾附在创面的毒性物质，避免或减轻了创面的继发性损伤，从而使创面愈合快，瘢痕也轻。

处理烧（烫）伤创面的水温要保持在15 ~ 20℃，绝不能用冰块、冰棍等冰敷伤处，以免发生冻伤伤害。另外，伤处已经起泡并破裂的烫伤，不可用冷水冲洗和浸泡，以防感染。

问：只要是烧（烫）伤后，都需要尽快用冷水处理吗?

答：对于轻度、面积较小的烧（烫）伤，应该第一时间用冷水处理创面。而对于中、重度、较大面积的烧（烫）伤，则不能擅自用冷水处理，因为用冷水处理可能会加重全身反应，造成危险。应该按照“脱”“盖”“送”的原则处理。

（四）化学灼伤紧急处置

化学灼伤是指强酸、强碱等腐蚀性化学品以及有毒化学品接触皮肤引起人体的局部损伤，如不及时处理，可能会引起组织器官损坏，留下灼痕。

酸性烧伤：酸对蛋白质有凝固作用，由于凝固的蛋白不溶于水，能阻止酸性继续向深层渗透，组织损伤相对较轻。

碱性烧伤：碱能溶解脂肪和蛋白质，与组织接触后能很快渗透到深层，使细胞分解坏死。因此由碱烧伤的后果要严重得多。

因此，化学实验中佩戴合适的防护用品，规范操作，是预防事故发生的关键。一旦发生化学灼伤事故，首先不要惊慌，应当立即采取正确的应急处理方

法，将伤害减小到最低。

当化学品接触到身体时，最有效最直接的方法就是立即使用水龙头或喷淋器冲洗至少 15min。使化学物质稀释并借助冲洗时的机械作用把化学物质冲掉。然后，针对不同化学品类型采用相应的方法处理，完成现场处理后，立即到医院就诊。

小知识

（1）氢氟酸具有强烈刺激性和腐蚀性，不仅可经皮肤吸收，而且呼吸道吸入也会对身体造成危害。氢氟酸中的氢离子对人体组织有脱水和腐蚀作用。皮肤与氢氟酸接触后，氟离子不断解离并渗透到深层组织，造成人体组织，特别是含钙的组织如指甲、骨头损坏。吸入高浓度的氢氟酸蒸汽，容易引起支气管炎和出血性肺水肿。

（2）液溴和溴蒸气对皮肤和黏膜具有强烈的刺激性和腐蚀性。液溴与皮肤接触时，产生疼痛且易造成难以治愈的创伤，严重时会导致皮肤溃烂。

（3）硫酸等化学物质遇水产生大量热，会加重局部损伤，如大量硫酸与皮肤接触，冲洗前应用纸、毛巾或抹布等将体表酸液擦去，再用水冲洗。但若因寻找材料或仔细擦拭而延误时间，则得不偿失。

（4）到医院就诊时应主动告诉医生有关伤情的信息，包括灼伤所涉及化学品的名称和浓度，现场处理的方法和步骤等。以便医生对伤情迅速做出正确的判断。如有必要，将盛装灼伤化学品的瓶子一同带至医院，供医生判断伤情之用。

（五）割伤紧急处置

在切割玻璃管或向木塞、橡皮塞中插入温度计、玻璃管等物品时容易发生割伤。如果发生割伤，挤出伤口内少量血液，注意不要触摸伤口，应用 75% 的酒精擦拭伤口周围消毒，清除异物，涂上碘酒。

若出血较多，应让伤者躺下，抬高受伤部位，同时确保伤者保暖，并用消毒纱布或干净布料压住伤口，同时拨打急救电话。

（六）化学试剂洒溢紧急处置

一旦出现化学试剂洒溢，立即向老师报告，同时佩戴防护用品进行适当处理。

洒溢试剂名称及其处理办法如下。

（1）汞洒溢：用吸管或湿润的小棉棒或胶带纸尽可能收集肉眼可见的汞珠，

放入内装清水可以封口的瓶中。对于无法收集的汞，撒硫粉加以覆盖，使汞转变成不挥发的硫化汞，防止水银挥发到空气中危害人体健康。注意：一周后再扫去硫黄粉。

（2）酸洒溢：用氨水洒在污染处使其生成铵盐，再用水冲洗。

（3）甲醛洒溢：用漂白粉加 5 倍水洒在污染处，使甲醛氧化成甲酸，再用水冲洗。

（4）碱洒溢：用稀盐酸溶液洒在污染处使其中和，再用水冲洗。

（5）盐洒溢：硫代硫酸钠（或高锰酸钾、次氯酸钠、硫酸亚铁）溶液洒在污染处，用热水冲洗，再用冷水冲洗。

第六章 化学的教学研究

第一节 化学教学设计与教学方法

一、教学设计

（一）化学教学设计

教育是一种增长人见识、培养人技能、影响或改变人的思想道德品质的活动；随着社会的发展，教育也随之进步，现代教育强调终身学习和全面发展，尤其是每个学生的终身教育和全面发展，而目标的实现依赖于相应的教育、教学活动。为了确保相应的活动取得成效，在进行活动之前，要进行规划和设计，制定符合条件的方案，换句话说就必须要有教学设计理念的支持。

教学设计是以科学的理论作为指导，运用系统的方法来解决教学系统过程中出现的教学问题的一种设计活动。教学设计有多种分类，从它的内涵来看，有广义和狭义之分，广义的教学设计是指针对课程的教育教学活动目标、过程和结果等不同层次的内容提前构思并进行系统的设计；狭义的教学设计是指针对某一门课程或某一学科进行的教学活动方案设计。

传统的化学教学设计主要以教师自身积累的经验进行设计，具有一定的主观性。而现代的化学教学设计与过去相比有着本质的区别，它是一种教学系统的开发，是运用系统的方法发现、分析、解决教学问题并且是实现教学效果最优化的、规范的计划进程和操作程序。化学教学活动是一种认知活动，它通过计划和程序有序地、系统地进行，因此化学教学设计是化学教育活动的规划和蓝图。

（二）教学设计的形成、发展趋势和类型

1．*教学设计的形成和发展趋势*

20 世纪 60 年代末至 70 年代初，随着心理学、系统方法的应用以及相关领域的研究成果的不断涌现，教学设计随之诞生，成为一门正式的学科。20 世纪 60 ~ 80 年代的教学设计理论，被称为第一代教学设计理论。20 世纪初，杜威（J. Dewey）曾提出建立一个连接心理学研究与教育教学实践的特殊“桥梁”学科的构想，对教学设计学科产生了积极的推进作用。到了 20 世纪 80 年代，教学设计步入了较成熟的阶段，但在 70 年代至 80 年代期间，教学设计对教育的影响和作用并不大。直到

80年代末至90年代初，随着科技的发展，计算机、互联网以及数字技术的出现，重新激起了人们对教学领域的兴趣，进而以情景教学、建构主义心理学与计算机多媒体技术相结合的第二代教学设计理论开始崛起，推动教学设计的转型和发展。

随着科学技术的发展，未来社会的发展将以科学技术发展为核心。而教育领域也不断在运用科学技术，促使教育理论和科学技术相结合，并将科学技术与课程整合。这将是现代教学设计发展的趋势。

2. 化学教学设计的类型

教学设计的形成经历漫长的发展过程，设计意识由模糊到准确，理念由自发到自觉，操作由经验到规范。据此特点，教学设计可以划分为四种不同的水平：

（1）直感设计。直感设计是指设计者主要根据自己的主观愿望或者直观感觉进行的教学设计。这种设计是教学设计中最低水平、最原始的。尽管它的部分设计有一定的可取性，但因为没有理论指导和经验辅助，往往缺乏规范性质量保证，表现出较大的盲目性、随意性。在当前的教育教学中还存在这种现象，一般在缺乏经验的新教师中较为常见。

（2）经验设计。经验设计是指设计者以教学实践中积累的经验为主要依据，以过去教学经历为模板进行的教学设计。随着教育者教学经验的不断积累，这种设计方法逐渐形成。虽然它有一定的自觉性和规范性，但因为这种设计是根据教育者已有经验进行设计的，仍具有自发性。因此，经验设计的质量受到教育者自身专业水平的影响，这可能导致教学效果不稳定。

（3）试验（辅助）设计。试验（辅助）设计是指设计者首先根据某些理论或假说进行验证性教学试验，然后在总结试验情况、形成实践规范的基础上进行的教学设计。进入此阶段的标志是相关教学经验的科学理论的出现。随着这些科学理论的出现，人们开始进行大量的实验，并通过实验总结相应的规则，以此作为教学设计的基础和保证。这种设计因可靠性较强而使质量有保证，促进了教师经验的累积，对其理性认识也起到一定的积极作用，从而提高了教师的教学水平，促进其成熟发展。然而试验（辅助）设计的质量也会受到相应科学理论的正确性、完备性和可靠性水平的影响。

（4）系统设计。随着系统科学的发展，系统理论为教学设计提供了工具、手段、方法和过程，人们根据系统的方法对教学设计进行修正和改进，使教学设计进入系统设计阶段。教学系统理论不仅为教学设计提供了系统的方法，使之遵循了教学系统的规律，还促使教学设计理性化，使设计的教学过程更加符合教育规律的发展，因此更具有科学性、规范性、自觉性、有效性和可行性。系统设计是教学设计中最高水平的设计，使教学设计实现由量到质的飞跃。

二、化学教学设计的理性要素

（一）化学教学系统

化学教学系统具有互相联系、互相作用、定向变化、动态开放以及主次分明的特点。系统的定向变化可以展现化学教学系统的功能，即必须通过研究系统的运行过程才能实现对化学教学系统的研究。系统状态和过程相互决定和影响。它们在特定的条件下是可以相互转化的，因此研究系统的状态，了解不同状态之间的转化和可能的变化，是研究系统运行过程的不二途径。掌握了系统状态的主要参数，就可以对化学教学系统进行控制和调整，从而使系统的运行过程得到优化。

在化学教学系统中，学生是学习主体，即是条件主体（在特定条件下可以转化为主体）；教师（教育工作者）是教导主体和管理主体，即责任主体（负责系统的有效运行的部分责任）。在系统运行的过程中，学习主体通过不断地学习来提高自身的发展水平，此时学习主体就会对系统的运行承担起相应的责任，即学习主体由条件主体转化为责任主体。环境要为化学教学系统的有效运行提供相应的条件，但相应条件的实现需要载体（媒体）。如何有效使用这些载体呢？

教师（责任主体）要在环境中主动寻找、发掘和开发这些载体，并且加以整合后，方可使用。系统在环境中寻找、挖掘和开发化学教学资源的能力，是其自我组织能力的重要组成部分。

（二）化学教学理念与教学目标

1．化学教学理念

教学观念是人们对教学活动内在规律的认识的集中体现，也是人们对教学活动的基本态度和观念。从事教学活动是一种信念。教学理念分为理论层面、操作层面和学科层面，涉及教育教学活动的很多方面，如教学目的、任务、目标、内容、形式、媒体、方法和评价等。而教学理念首先要解决的问题是“教学活动的目的是什么”“如何完成这些目的”。课程的实施效果决定于教学理念，明确地表达教学理念对教学活动有着极其重要的指导意义，因此需要树立以下新的理念：

（1）化学教学要面向全体学生，以培养人为主旨。化学教学的根本问题是：“为何要进行化学教学？”正确地解决这个问题，化学教学就能有效、正确地运行，确保不会偏离教育的理念。

（2）化学教学要以提高学生的科学素养为重点，促进学生的全面发展。素质教育是全面发展的教育，旨在促进学生德、智、体、美、劳五方面的全面发展。要实现这一点，就要以德育为核心，在教育活动的各个环节中把德育、智育、体育、美育、劳育有机地统一起来；加强各种实践活动，使各方面的教育相互渗透、协调发展。

2. 化学教学目标

化学教学理念的核心内容是化学课程目标，课程目标是较为宏观的教学目标，教学目标相对于课程目标而言，是较为具体的内容，而课程目标对教学目标设计有指导性的作用。

布卢姆等人根据教育逻辑心理学的原理，将教育目标分为三个主要领域：认知领域、运动技能领域和情感领域。这是化学教学目标设计的基础。

（1）认知领域的目标。根据知识特性的复杂性，认知领域的学习目标可分为六个层次：认知、理解、使用、分析、综合和评价。认知领域可以理解为一组目标，包括掌握知识和运用知识解决问题的能力。

（2）运动技能领域的目标。运动技能的学习目标可以从低到高分为七个层次：知觉、准备、定向反应、机械动作、复杂的显式反应、适应和创新。运动技能领域化学教育目标的主要内容是学生对化学实验的观察和操作技能。

（3）情感领域的目标。根据价值标准的内在化程度，情感领域的目标可分为五个层次：接受、反应、价值判断、价值组织和价值个性化。

中学化学课程标准还设定了认知学习目标、技能学习目标和体验学习目标的水平，但各个领域的具体水平都已被简化。

（三）化学教学模式

1. 教学模式的定义

教学模式是指在一定的教育思想和教学理论指导下，为完成特定的教学任务，实现特定的教学目标而建立的一种规范化的教学实践操作模式和体系。它也可以定义为在一定的教学思想或教学理论指导下形成的相对稳定的教学活动框架和程序。作为结构框架，教学模式突出地表现为能从宏观上把握教学活动整体及各要素之间内部的关系和功能；作为活动程序，教学模式突出地表现出有序性和可操作性。教学模式的任务是完成特定的教学任务、实现特定的教学目标。

2. 常用的化学教学模式

化学教学中常用的两种教学模式如下：

（1）探究教学模式。探究式教学是指学生在教师的指导下，通过自己的探索、总结、概括，获得经验、发展智慧和能力，形成积极的情感态度和价值观的教学实践。

化学教学不只是一种经验的简单传递，学生学习新知识时不仅需要教师的讲授，更需要学生自己主动、积极地去探索、寻求，这样才能培养具有创新精神的现代人才，因此，科学探究作为一种教学活动，在化学中显得更为重要。

科学探究教学过程的要素一般包括：提出问题、做出假设、制定研究方案、进行实验、结果与讨论。化学教学中的科学探究活动，可以不按照其顺序进行，因为在科学探究活动中，各要素呈现的顺序是灵活多变的，可根据实际情况进行调整。

探究式教学模式的过程是：

①首先确定科学探究活动的主题，此主题可由老师提供，也可以由学生自行决定；可以来自书本、教材，也可以来自课外、生活或者自然。

②了解设计的背景：学生学习基础知识、可利用的教学资源、环境的影响等。

③定位设计、确定教学策略：如科学探究活动的课型、教学的相关资源、科学探究内容的难度以及学生的接受程度。

④设计方案：首先要确定教学的三维目标，其次设计教学的情景、教学内容，然后对学生的学习任务和学习活动进行设计，最后确定学习活动的组织形式和评价方式。在进行方案设计时，如何设计关键的探究问题至关重要，因为这直接决定了探究活动是否能顺利进行。

（2）问题解决教学模式。问题解决能力是其重要内容之一，问题解决能力的培养是帮助学生学会学习的重要途径之一。

问题解决教学模式具有以下特点：一是教学设计是以问题为中心展开的。教学过程以所设计的问题为主线，通过解决问题，来促进学习、知识的建构与学生能力的培养和发展。二是学生是教学过程的主体，在问题解决的过程中学生要积极主动地参与，扮演主体的角色。学生在解决问题的过程中经过独立思考，然后进行猜想、实验论证，最后进行交流、评价和反思。问题解决教学模式的过程包括以下阶段：

①教学情境创设，发现和提出问题阶段。问题解决教学模式中的核心内容是提出问题。教师设计问题的难易程度会影响学生的学习兴趣和学习欲望。在教学过程中创设一定的教学情境，在学生原有知识的基础上提出一个问题，使新知识与原有知识之间存在矛盾，从而促使学生产生疑问和困惑，学生在强烈的求知欲引导下，会积极主动地去探索。创设问题情境的方式有：

a. 选取故事或新闻情节。有趣的故事、新闻时事往往能引起学生的兴趣，并留下深刻的印象。

b. 选取生活现象。在日常生活中学生接触过很多有意思的化学现象，但很少去注意和思考，或者是不能很好地解释。选取生活的现象来设计教学情境，能吸引学生注意，引发学生思考。

c. 选取相应史料。化学史实具有真实性和教育意义，能吸引学生的注意，同时也向学生展示了一定的化学思维过程。

d. 运用化学实验。化学实验鲜明、生动、直观，能迅速激发起学生的兴趣，并使其较快进入教学情境中。

②问题分析阶段。教师发现问题后，首先确定问题的性质，然后对问题进行表征，即把要解决的问题与学生已有的知识和认知结构相联系，确认其是否与课堂目标一致，同时学生也能知道问题就是本节课的教学目标。

③问题解决阶段。问题解决的过程是一个不断尝试的过程。在问题解决过程中，要求要充分体现出学生的主体作用，通过学生不断地进行思考、探索，以激发学生的思维。学生在思考的同时还会对自身的思考行为进行反思和监控，并保持积极主动的学习状态。这种过程不仅培养了学生的思维能力、问题解决能力，还有利于学生知识的构建。

④验证、反思与评价阶段。在问题解决阶段，学生已经得到了问题的答案，此时，学生应该对问题进行验证、反思和评估。通过以上步骤，学生可以明确答案是否与预期目标一致，识别解决问题所用到的知识，获得了哪些新知识，评估解决问题的方法是否错误，需要纠正的地方，是否有其他解决问题的方法等。这个过程不仅评价了教学过程和结果，而且通过将解决问题的新方法和策略融入原有的认知结构中，丰富和改进了认知结构。

问题解决教学模式虽有优势，但它并不适用于所有的教学内容，因此，应因材而选择，即针对不同化学知识的教学采用不同的教学方式。

（四）化学教学策略

化学教学策略是实现化学教学目标、解决化学教学问题、完成化学教学任务的总体规划。它在化学教学过程中起着指导作用，具有全局性、通用性、原则性、灵活性和独创性的特点。它还监控和管理教学活动。

化学教学策略是组织实施化学教学活动的指导思想、行动准则和依据，是化学教学方法的核心本质和特征。在化学教学设计中，应制定相应的教学策略，这些教学策略基于在一定的教学理论或教学假设。高水平的化学教学策略具有科学性和艺术性的特点。

化学教学策略包括教学策略和学习策略。教学策略在确定教学活动的内容和步骤中起着决定性的作用，同时控制和影响着学习策略，因此学习策略具有一定的被动性，但其程度与学生的素质有关。

教学策略有高层次教学策略、中层次教学策略、低层次教学策略之分。高层次教学策略具有概括性、指导性的特点，通常可以把教学思想及其原则看作是最高层次的教学策略；中层次教学策略作为高层次教学策略与低层次教学策略之间的桥梁，具有一定的过渡性；而低层次教学策略是具体的教学思路，具有操作性强、特异性、通用性差等特点。高层次教学策略包括低层次教学策略，因此被广泛应用；而低层次教学策略是高层次教学策略的具体化，使用范围较小。

教学主体采用特定教学策略的习惯和倾向，反映了教学主体的教学特点，形成独特的教学风格。因此，不同的教学科目有不同的教学风格。

教学方法多种多样，包括教学活动的发起与定位、教学活动的组织与实施、教学活动的检查与规范。相应的教学策略分为教学活动的启动与定位策略、教学活动的组织与实施策略、教学活动的检查与控制策略。

（五）化学教学方法

教学方法是教师和学生在教学过程中为了实现共同的教学目标和完成共同的教学任务而采用的方法和手段的总称。教学方法与教学活动相联系，并不断发展，为了适应教学思想、教学内容和教学活动的改革化学教学方法需要进行不断革新。因此，深入探究化学教学活动及化学教学方法的发展、变化是非常有必要的。

1. 化学教学活动

教学活动影响着化学教学的每个环节，是化学教学的一个重要环节，如果没有教学活动，整个化学教学设计将失去其意义。因而要对教学活动进行设计，好的教学活动设计能使化学教学达到预期效果。

化学教学活动的设计是以教学目标和内容、学生的学习准备、化学教学规则和既定的教学策略为基础，直接为化学教学活动的设计提供工作依据。也就是说，化学教学活动的基本要素是教学目标、教学内容、教学方法、教学媒体等。

2. 常用化学教学基本方法

化学教学方法是指教师在教学过程中，为了实现教学目标而采用的各种方法。它包括化学教导方法和化学学习方法。

常用的化学教学基本方法有以下 3 种：

（1）与认知学习效果获取有关的教学方法，包括讲座、演示、交谈、讨论、练习、实验和实践。

（2）与运动技能获取有关的教学方法，包括演示模仿、练习反馈。

（3）AF 影响和态度教学方法，包括直接和间接强化、发现学习、合作学习、模拟教学和问题解决。

这些基本方法是教师必须掌握的技能，同时也是构成化学教学综合法的基础。

（六）化学教学方法的分类

教学方法贯穿于整个教学活动，而且教学活动由导向、执行、反馈三个环节组成，相互关联，相互制约。因此根据教学活动的构成，化学教学方法可分为三类：教学活动的发起和定位，教学活动的组织和实施，教学活动的检查、反馈和控制方法。

另外，化学教学方法也可以根据教学方法的特点或教学思想、教学策略等进行划分。例如，根据教学思想和启发式策略，化学教学方法可以分为两类：注射法和启发式。启发式化学教学方法又可分为传统启发式教学法、现代启发式教学法和综合启发式教学法。

三、化学实践活动的设计

（一）化学实践活动的类型和形式

学校的具体条件决定了化学实践活动的内容，这些内容侧重于化学科学和技术，但同时也要注意其活动的特点。化学实践活动是通过组织一系列具有相同（或相似）主题的活动来实现的，这些活动避免重复和相互关联，形成具有一定的系统性的整体，有利于学生个性的发展。每学期的化学实践活动应该安排得当，一般来说，2 ~ 6 次是合适的。在设计和安排一系列的化学实践活动时，应该选择适当的主题，如与社会生活密切相关的化学科技、文学艺术、保健、人与自然、人与科学、人与社会等，但主要是化学科技活动。

化学实践活动的基本组织形式有小组活动、班级活动和校内活动。

（二）化学教学活动设计

在化学实践方案设计中，应充分注意其特点，尽可能达到预期作用，并考虑到实际情况和条件，以及方案的简单性、安全性和有效性。

化学实践项目的基本要素包括活动的目标、要求、内容、方法、步骤和组织形式。化学实践活动方案应为学生提供一定的基础知识和广泛的知识资源，供学生选择；同时鼓励学生自主创新，设计自己的活动方案，并强调团队。学生在活动过程中应注意课堂内外的安全，自身的心理和生理卫生等。

四、化学教学设计的基本层次、环节

系统的共同特点之一是具有层次性，层次是系统结构情况的反映，而环节则是系统动态结构的反映。要深入认识和掌握化学教学设计，必须研究和讨论化学教学设计的不同层次和环节。

（一）化学教学设计的层次

根据化学教学系统的不同层次来划分化学教学设计的层次，中学化学教学设计的基本层次有：

1. **单元（专题）教学设计**

单元（专题）教学设计是指一个学科单元的教学设计，是一种局部设计。它基于课程和部分（学期、学年）的教学设计。主要内容包括：

（1）确定单元（专题）的教学任务、目标和要求。

（2）确定单元（专题）具体的教学内容。

（3）确定单元（专题）教学的结构、策略和方法体系。

（4）确定教学评价指标，评价单位工作方案（专题）。

2. **课时教学设计**

课时教学设计是一种基于课程教学设计、分段教学设计和单元教学设计的教学设计。它是最常用的教学设计类型。其内容具体、深入，其主要内容包括：

（1）确定课时的教学目标。

（2）构思课时的教学过程、教学策略和方法。

（3）选择和设计适合教学媒体。

（4）确定课时的教学评价和控制方案。

（二）化学教学设计的基本环节

1. **准备**

化学教学设计的准备阶段涉及各种前期工作的准备阶段。在这一阶段中，设计人员的主要工作是了解和形成相关的教学理念，掌握教学过程的原则，明确教学的起点、目的和条件，形成初步的设计理念，并预测方案的可行性，对其进行相应的调整。具体步骤如下：

（1）深入学习和研究各种教学理论和教学命题，吸收理论和命题的合理性，并结合实际化学教学情况，形成个人独特的教学理念。

（2）学习主体。分析学生的学习基础、认知水平、学习动机、实践能力、智力水平、学习习惯和方法、家庭情况、个性及班级风格等，以全面了解学生的基本学习情况。

（3）学习教学任务，掌握教学内容。在认真研究课程标准、分析教材编写思路和特点的基础上，对教学内容进行研究，把握其内在的逻辑结构，确定教学内容的重点和难点，并进行必要的改进。

（4）了解现有的教学资源和研究性教学条件。以帮助教师设计和安排教学过程，使之更符合实际。

2. **教学目标设计**

教学目标的设计对指导教学工作、设计教学过程、制定教学评价具有重要的指导作用。根据化学教学设计的基本水平，教学目标可分为学时目标、单元目标、学期（或学年、学期）目标和课程目标。学时目标和单元目标是针对具体的化学教学课程而设计的，因此更具体，是教学目标设计的主要对象。学期目标通常称为教学目标，是一个相对宏观的教学目标，在课堂目标和单元目标的设计中起着指导作用。

当教学目标较多时，应优先考虑重点和关键教学目标，其他教学目标应根据学科教学的具体内容逐步实现或渗透到学科教学的其他内容中。那么，为确定哪些教学目标是重要或是必要的，任务分析和活动分析是常用方法，帮助教育工作人员分析和分解教育的总体任务，并逐步确定重要和必要的教学目标。

为了制定正确的教学目标，应注意教学目标的可行性，并应该根据学生的具体情况进行调整。一般来说，应该选择与学生最近的目标，这样可以使学生通过自己的努力达到等级要求。此外要有计划、有步骤地实现高层次的教学目标，即在实现高层次目标的过程中，要建立一系列的中间目标，一个接一个地逐步实现，最终达到高层次的教学目标。同时，教学目标的制定也应注重因材施教，根据不同学生的水平，制定相应的教学目标。对能力较强学生的要求相对较高，对需要额外支持的学生的要求应适当降低。只有这样，才能使教学目标灵活，使全体学生都有一定的发展。

3. 教学策略的设计

教学策略的形成是逻辑思维与创造性思维相结合的结果。教学策略形成中不可缺少的组成部分是创造性思维中的非逻辑思维活动，如直觉、灵感等。

教师自身的经验、知识和概括能力决定了教师在制定教学策略时的直觉和灵感。为了制定高水平的教学策略，教师自身需要有一定的战略意识、专业素养和创新精神。

教学策略有不同的层次。通常，教师首先分析教学任务、学生情况和教学条件，然后根据现有的教学理论，从整体上形成一定的教学思想（即高水平的教学策略）。在这种教学理念的指导下，以重点内容为主线组织教学内容，并根据教学理念确定各阶段之间教学的逻辑联系，从而形成跨学科的教学策略设计。具体的教学策略没有固定的形式，是根据教师自身的经验和创造性，以及实际设计步骤的可行性而设计的。具体的教学策略是教学思想和教学模式的具体化和精细化。在设计过程中，通常会增加艺术创作来丰富教学内容。

4. 教学过程设计

认知、情感、行为教学活动设计和教学活动情境设计是教学过程设计的主要内容。在设计中，还应注意教师与学生和学生之间的人际活动设计。

设计教学活动，首先是合理设计学习主题的内容和方法，其次是设计教学主题的教学方法。

在不同的阶段，教学活动的内容和形式是不同的。结构化教学活动不仅是教学策略及其实施的具体方式，理论转化为实践的关键，也是教师开展艺术创作教学和科学创作活动的重要领域。教学活动设计的成功在很大程度上取决于教师自身的经验。因此，为了设计一个好的教学活动，教师应该熟悉学习和教学的基本活动，并通过这些活动积累相关的经验。

教学活动需要在特定的情境和情绪氛围下进行。教学活动的情境设计和情感设计在教学过程中起着指导、引导、维护、强化和调节的作用。两者的设计都需要很强的艺术性和创造性。因此，教学活动的情境设计和情感设计需要依靠教师自身的经验、态度和知识的积累。

5. **教学媒体设计**

化学教学媒体是指为进行化学教学而传递化学教育信息的媒介或工具。

教学媒体有多种分类，根据媒体发展的先后顺序，可分为传统教学媒体和现代教学多媒体；根据媒体的物理性质，可分为光学投影教学媒体、视听教学媒体、电视教学媒体、计算机教学媒体。

传统的教学媒体一般是指一些简单的媒体材料，如书籍、图片、画册、黑板、模型、物体、小型展览等，在教师口头讲解的基础上，用来更好、更丰富、更直观地传递信息。因此，在设计传统的化学教学媒体时，一是注重化学教学语言的设计，力求科学与艺术相结合，同时贴近学生的实际生活；二是做好教材所要求的化学实验。充分发挥其在教学中的重要作用，激发学生学习化学的兴趣。同时，注重实验的探索性和实践性；三是充分利用图片、模型、挂图、实物等其他教学媒体，以增加学习趣味性。

与传统教学媒体相比，现代教学媒体主要指电子媒体，它由硬件和软件两部分组成。硬件是指与教育信息传输有关的各种教学机器，如幻灯机、投影仪、磁带录音机、电影放映机、电视机、录像机、电子计算机等。软件是指教育信息的载体，如幻灯片、投影、电影、磁带、视频、光盘等，现代教学媒体的设计中应合理利用计算机和网络技术，充分利用现代教学媒体的优势，并选择适当的多媒体辅助教学。但关键内容仍然取决于教师的讲解。不要让丢失重要信息、严重的科学错误的现代教学媒体误导学生。在有条件做实验情况下，应优先选择实际操作，而非仅使用多媒体演示，以确保学生获得充分的实践机会。

6. **整合应用程序和反馈链接**

巩固应用环节是化学教学设计中的一个重要环节，也是教学活动的特点和目标。学生在学习完新知识后，应通过练习、考试、实践实验、社会实践调查等方式来加强知识的应用，整合和强化自己的知识，以保证教学效果。练习可以提高学生的学习效率，但切记不要夸大练习的作用，不要搞解题策略，以免加重学生的负担。同时，应用程序和反馈链接。为教师提供了解学习者的掌握情况和设计的途径，并得到相应的信息，从而在此链接的基础上对教学设计进行修改和改进。

在完成巩固应用环节后，需要进一步设计教学计划。设计教学计划是化学教学各部分设计的综合与整合，是一项非常重要的工作。因为在化学教学设计的过程中，教师通常把重点放在每个环节的重要和关键部分的设计上，使教学设计更为详细和深入，却忽略了环节之间的关系。教学计划的设计是调整系统、系统和各个环节、整体和部分之间的关系，使教学系统能够正常、和谐、自然地运行。教学计划的设计不是简单地把各个环节结合起来，而是在系统结构设计的指导下，对整体进行整合和协调。在这一过程中，教师应该反复检查和调整整个教学设计，对其进行适当的修改和处理，以提高其艺术性。此外，设计的教学计划应简洁、规范，适合教学的使用、总结和研究。

（三）教学设计的基本要求和基本原则

1. 基本要求

（1）系统论指导。教学设计以教学系统为基础。要尊重教学体系的规律，了解其特点和结构，明确各部分之间的联系，注意各方面的统筹协调，从整个体系的角度处理问题，做好衔接工作。在各阶段，应优化要素、目标、条件和节点，还应该协调工作的各个方面。

（2）以教学理论为基础，遵循教育教学规律。具体来说，教学设计应该与教育教学的目标、教育学的规律、心理学和行为科学等学科的特点和实施的条件相一致。

在教育改革的基础上进行教学设计，必须吸收各种理论的优势和合理性，并将其整合和优化，形成教学设计的基本理论。

（3）从实际出发。教学设计要从教学的实际出发，明确教学的出发点和发展潜力，规划制定教学设计蓝图，做好实践工作，总结教学规律，建立科学的教学设计指导体系。

2. 基本原则

为满足教学设计的基本要求，教学设计应遵循以下基本原则：

（1）整体设计与单元设计的统一原则。教学设计不仅要从整体设计入手，还要注意各单元的设计。每个单元都是系统的重要组成部分。首先要做好各单元的教学设计，然后运用系统的方法和科学的教学理论对其进行整合和优化，最终形成最佳的教学设计。

（2）静态设计与动态设计的统一原则。动静结合状态是一切事物发展过程中的最佳形式，因此在教学设计中，要做好初始状态和目标状态的设计，也要做好中间状态的设计，并注意操作细节的设计。将静态设计与动态设计相结合，可以实现教学设计的完美效果。

（3）合理性、可操作性、可行性相统一的原则。教学设计以科学、先进、可靠的理论作为依据，制订符合实际情况的操作方案，避免依赖经验主义，并根据自己的感受设计教学操作方案。充分发挥科学理论的实践作用，以减少教学实践的盲目性和随意性，实现规范化、原则化、自觉化，从而为教学设计打下坚实的基础。

（4）规范性与创造性相统一的原则。为了解决教学设计过程中出现的新问题，教师必须规范教学设计，同时具有创新精神。规范性和创造性是教学设计的两个重要因素，应将其统一起来，更好地为教育教学活动服务。

（5）优化与阶段统一的原则。优化设计是教学设计的出发点和归宿。虽然都希望教学设计是完美的，但这在现实中很难实现；可以在某个阶段使设计达到优化，但绝对优化是一个长期的目标。在优化过程中，不仅要考虑近期的成果，还要考虑长期目标。在短期设计中，应追求阶段优化，同时要以争取绝对优化为长期目标，实现相对优化与阶段的统一。

第二节　化学教学技能

教学既是一门科学又是一门艺术，其科学性和艺术性是建立在教师具有广泛的教育及学科专业知识和熟练的教学技能的基础之上。教师的教学能力直接影响着教学的效果，而教学技能是教学能力中最基本的因素。教学技能是指教师在课堂教学过程中运用专业知识和教学理论促进学生学习的一系列教学行为。它包括运动技能和心理技能两个方面。运动技能是指教师在教学活动中为成功完成某一教学任务而采取的一系列实际行动，心理技能是指教师通过内部语言在头脑中进行的认知活动，以成功完成某一教学任务。动作技能是教学技能的具体行为表现，而心理技能则起着调节和完善的作用。它们共同作用于课堂教学技能，并可以通过培训得到形成和发展。

化学教学技能则是在化学学科特征的基础上的教学技能，主要包括创设教学情境的技能，组织、指导学习活动的技能，呈现教学信息与交流的技能，课堂教学调控与管理技能等。

一、创设教学情境的技能

知识建构的过程是在一定情况下，通过新旧知识与经验的相互作用来实现的。研究表明，学生对学习内容的认知和学习与其所处的情境密切相关。知识是情境的，是通过上下文中的活动产生的。随着应用的不断发展，学习情境的性质决定了知识在未来再利用的可能性。学习的目的不仅是让学生了解一些知识，更在于使其能够真正地利用这些知识来解决问题。只有在实际情况下，学习才能更有效。因此，现代学习理论非常重视学习情境对学生学习的促进作用，主张学生应该通过在现实和应用环境中的，面向目标的活动来学习知识和技能。

（一）教学情境及意义

教学情境是教师为了支持学生的学习，根据教学目标和教学内容，有目的地创造的一种特殊的教学环境，它是指为了配合教学而设置的问题、形象、词汇、声音等多种环境因素的综合。这也是学生参与学习的具体现实环境。教学环境不同于教学体系的外部和宏观环境（社会环境、学校环境等）。作为教学体系的一个内在组成部分，它不仅是物理的、现实的，还是心理的、人为的。教学情境是通过选择和创造构建的微观环境，它反映了知识获取、理解和应用的文化背景。学生在这样的环境中不仅能够接触到想学习的知识，还能将这些知识运用于实际情境中。在传统的课堂教学中，由于缺乏生动丰富的实践情境，学生很难建构知识的意义。

（二）创设教学情境的方法

一位德国学者有一个很好的比喻：把 15g 盐放在人们面前，无论如何都不能吞下它。但是当人们把 15g 盐放进一个美味的汤里时，会在享用美味的食物的同时吸收所有 15g 盐。关键是要知道什么是汤，什么是盐。盐需要溶解在汤中才能被吸收；同理，知识需要融入情境中才能显示出活力和美丽。在教学过程中，不同的教学情境会产生不同的学习效果，一个好的教学情境会事半功倍。因此，研究教学情境的创造是提高学习效果和教学质量的重要因素。那么，如何创造化学教学的局面呢？

1. 从化学与日常生活的结合出发，创造教学情境

化学与日常生活密切相关。化学对于学生的服装、食物、住房和交通等方面都至关重要，与学生的日常生活息息相关。例如，在学习“了解化学元素”时，可以用“人体化学元素”图来建立教学情境；在学习“化学与能源及资源利用”时，可以将家庭中使用的合成材料（如合成材料、塑料、橡胶制品等）联系起来创造教学情境；在学习“溶液”“悬浮液”和“乳液”的概念时，可以联想到日常生活中的实例，如盐溶于水形成溶液，土豆粉在水中形成悬浮液，肥皂洗油形

成乳液；碱和盐的概念可以与生活中的一些技巧结合起来，创造出“如何去除鱼胆的苦味”和“为什么有些馒头松散多孔”等教学情境。从学生在生活中的应用创造教学情境，不仅能激发学生学习化学的兴趣，还能使他们从感性的角度认识到学习化学的重要性。同时，可以帮助学生解决实际问题，提高知识的实际应用能力。

2. 从化学与社会的结合出发，创造教学情境

化学与社会息息相关。当今社会许多热点问题和突发事件都可以作为化学教学的情境材料。例如，在学习“地球周围的空气”时，可以从空气污染、城市“环保汽车”的兴起、新能源的开发和利用等社会热点问题中找到情境材料；在学习“化学和能源”时，可以分析中国的化石能源、沼气、天然气等资源利用情况。在学习“化学物质与健康”的时候，可以向学生介绍药物的危害性，警示学生远离药物，也可以使用吸烟者肺部的病理照片、视频或图片来教育学生吸烟有害健康。近年来，还可以使用酒精中毒和工业事故等案例来提取教学情境。总之,“现代工业生产与技术”“化学与新材料”“化学与新能源”“化学与生命”“化学与生命科学”“化学与环境”等学科知识可以成为丰富的教材设计教学情境。

3. 利用问题和认知矛盾创造教学情境

适当的情境通常与实际问题的解决有关。一方面，利用问题探究设计教学情境是化学等学科创造情境的有效途径，有利于探究、讨论、理解和解决问题的活动。另一方面，利用学生的认知矛盾，例如新旧知识的矛盾、日常观念与科学观念的矛盾、直觉、常识与客观事实的矛盾等，可以激发学生对探究的兴趣。形成积极的认知氛围。因此，这些问题都是创造教学情境的好材料。

4. 化学实验创造教学情境

化学是一门以实验为基础的学科，其中化学实验学习是化学教学的特点之一。实验是设定情境的重要方法，它不仅可以提供大量的情境材料，而且可以再现、强化和突出各种化学现象。

5. 利用化学史料创造教学情境

化学科学发展史是一部生动曲折的科学史。在化学科学发展的过程中，有许多引人入胜的故事。在化学教学中，运用化学史料创造教学情境，可以激发学生的兴趣，引导学生了解化学发展历程。学生将获得对化学知识的亲密感，并增强他们探索学的主动性。同时，将知识学习置于一定的人文历史背景下，使学习具有良好的精神支柱和积极价值，这对学生的学习效果是不言而喻的。例如，在学习“燃烧”的概念时，可以向学生介绍人类对火的发现和利用；在学习“几种化学反应”的知识时，可以利用中国古代的“湿法炼铜”来设计教学情境；在学习

中“金属与金属矿产”，可以介绍中国古代金属冶炼，当代金属材料的成就与开发利用。

（三）创设教学情境应注意的问题

1. 情境功能的完备性

良好的教学环境不仅包含了促进学生智力发展的知识内容，还应具有有助于学生构建良好的认知结构。同时，它还应包含促进学生非智力素质发展的情感内容和实践内容。因此，教学情境的设计不仅要满足一个方面的需要，而且要服务于情感教学、认知教学和行为教学。当然，在某些情况下可以强调局部情境设计。

2. 情景功能的全过程

有人认为，教学情境的设计是在新课程开始前，通过相关的实验、故事、问题等，激发学生的学习兴趣和热情，引导新课程的开始。事实上，教学情境设计的作用不是引入传统意义上的新课程，而是在整个学习过程中激发、促进、维护、加强和调整学生的认知、情感和实践活动。为实现这些目标，可以逐步设计教学情境，以扩大、深化、丰富学生学习体验。

3. 情境功能的发展

教学情境应具有激发学生持续学习愿望和增强学生潜能的作用。因此，在创造教学情境时，不仅要考虑学生目前的发展水平和现有的知识库，还要考虑不同年龄段学生的“近期开发区”。提出当前教学中需要解决的问题不仅方便教学，还包含了与之有关的问题，促进学生进一步学习，提出新的问题。情境有利于促进学生的独立思考和发散思维，使其积极学习，达到一个新的水平。

4. 情境的真实性

建构主义认为，如果要求学生用所学的知识和技能来解决现实世界中的问题，必须确保学生的学习和应用状况真实可信。情境的真实性决定了学习风格的有效性和在新情境中运用知识的可能性。学习情境越真实，学生作为学习主体所建构的知识就越可靠，在实际情境中越容易运用，从而帮助学生真正理解和掌握知识，达到预期的教学目标。

5. 情境可接受性

情境的设计应考虑学生的接受能力。应设计适当的“路径”和“步骤”，以促进学生将所学知识和技能转移到解决问题的情境中。由于知识和技能的转移总是受到个人能力和情境因素的影响，教师所提供的情境必须经过精心挑选和设计，从近到远、从浅到深、从表面到内部，以使其适合学生，便于被学生理解和接受并发挥应有的作用。

二、组织、指导学习活动的技能

在教学过程中，学生的学习活动分为课内学习和课外学习。课内学习主要包括听课、笔记、实验、观察、思考、讨论、探究、实践、自学等。课外学习主要包括学生复习、作业、预习、实践活动等。教师在这一过程中是组织者、指导者和参与者。学生的学习活动对学生的学习过程起着重要的作用。通过教师的组织引导，营造和谐的课堂氛围，调动学生的学习积极性，来提高学生的学习效果。因此，教师的组织指导能力直接影响学生的学习信心和学习效果。

（一）组织、指导听课

学生在课堂教学中最常见的学习活动是听课和记笔记。若要把这一环节组织好，首先要激发学生的学习兴趣，使其有听课、记笔记的意愿，并引导学生集中注意力，提高听课效率。

1. 指导学生确定学习目标

在开课时，教师首先要明确学生的学习定位，使学生了解课程的学习目标，然后组织引导学生采取适当的学习策略，来帮助学生实现学习目标。

2. 组织、维持学生的注意力

由于中学生的注意力还不稳定、易分散，教师教学时要通过多种方式不断吸引并保持学生的注意力，要引导学生关注教师提出的问题解决过程和结论，帮助学生养成良好的课堂注意力习惯。这就要求教师要坚决摒弃“照本宣科”“机械重复”“单调平淡”等容易使学生疲劳、分散注意的教学方式。

3. 指导学生学会听课、记笔记

在教学中，有些学生只重视听结论性或事实性材料，不注意听分析、论证过程。因此，教师要指导学生注意听教师讲解的主要问题、解决方法、解决问题的思路及结论，因为听课的目的不只是了解有关的知识，还要培养学生的思维能力和学习能力。

学生在听课时，在听课与记笔记之间往往存在矛盾，可能导致听、记、想不协调。因此，教师在教学中应注意节奏。应该告诉学生不要试图写下所有的笔记，而是学习如何选择内容，主要记住讲课大纲、重点和难点、教师补充和学习指导等内容。应鼓励学生用简明的单词、符号、图表等来完成笔记，并在必要时可以直接向老师提问，也可以先写下来，课后思考。

（二）组织、指导观察

观察是人们理解事物和获取信息的重要方式，是获得知识、发展智力和能力的第一步。就化学学习而言，学生需要敏锐的观察能力。因此，教师应自觉组织和引导学生进行观察。首先，要注意引导学生明确观察目标。在观察实验现象

时，学生往往只注意那些神奇或强烈的化学反应现象，而忽略了要观察的主要内容。这就要求教师在观察目标之前指导学生清楚地观察目标。其次，教师需要引导学生全面学习。检查不仅要观察学生观察到明显的变化和特点，而且要引导学生掌握看似不重要但非常重要的属性和变化，以提高学生观察活动的准确性和有效性。最后，注意引导学生观察时进行思考，来提高学生对事物的理解、记忆和掌握能力，以及学生观察和记忆事物的能力。

（三）组织、指导讨论

讨论是一种学习方式，是指学生在老师的指导下，围绕某些问题表达自己的观点，进行提问、辩论、启发和补充，共同解决问题的一种方式。它要求学生具有一定的知识基础、思维能力和表达能力，教师具有较强的组织能力和调控能力。在组织学生讨论时，教师应首先围绕学习目标仔细设计讨论主题。讨论题目可根据教材的阅读理解情况或教学过程的实际情况制定，使讨论题目具有深度、有争议、难度适中，以避免太简单或太复杂的话题使学生失去兴趣。其次，讨论主题可以提前通知学生，给学生留出足够的时间进行思考和准备。在讨论中，要及时启发学生，引导学生深入思考，大胆发表自己对该课题的看法。当学生遇到困难时，教师应给予提示来帮助学生排除障碍。对于讨论中的观点，教师应该让学生辨别是非，通过讨论来纠正错误，而不是轻易给出正确答案。讨论结束后，教师要及时总结，引导学生得出正确的结论，使知识系统化。同时，有必要提出巩固学习内容的实践要求，或提出一些需要学生实践和思考进一步考虑的问题，以引导学生更深入地学习。

（四）组织、指导练习

实践是一项旨在巩固知识、培养技能和发展智力的实践性培训活动。它是学生理论联系实际的一种形式，也是教师从教学中获取反馈信息的重要途径之一。实践是学生不可缺少的学习活动，有三种形式：口头、书面和可操作。

在备课时，教师会详细阐述练习题确保其具有明确的培训目的和针对性，它们不仅是基本题型，也是典型的选题，以促进学生思维能力的发展。

练习题通常分为三类：理解题、应用题和综合改善题。教师在设计时要注意层次完整，步骤合理，难易适中，不得有偏颇和奇怪的问题。为了培养技能，教师应该有适量的题目，不要太多，避免“围海”的策略。

在学生开始解决问题之前，教师应指导学生复习相关知识，督促学生检查问题，明确解决问题的步骤，规范格式。最好选择典型的例子进行演示，重点说明解决问题的思路，注意多个解决方案和可变问题，这样一个例子的演示就可以达到多个例子的效果。

学生在实践解决问题时，教师要进行检查指导，检查督促学生认真检查问题，注意问题解决的形式，努力解决多个问题。对犯错或遇到困难的学生，应给予指导和辅导；对错误或困难，应及时补充说明，并进行全班辅导。对于完成得更好更快的学生可以要求做补充练习。学生在进行实验操作时，通常按照“一步一步完成操作，连贯熟练操作”的顺序，分阶段组织练习。教师应明确操作要点，在操作中还应进行检查、指导和监督。

学生完成练习后，教师要对学生的结果进行评议，组织学生互相修改。评论可以在一个主题的基础上进行，也可以集中在一起进行。最后，教师应该对练习进行总结。根据学生的实践经验，总结实验操作的方法、技巧或规则。教师还应注意激发和帮助学生总结、发现和积累解决各种类型问题的经验。为了巩固练习的效果，还应注意课后布置一些作业，以便学生进一步练习。

（五）组织、指导合作

合作学习是一个以小组为基础的学习组织，通过学生之间的合作互动来促进学习，以取得最佳的整体学习成绩。合作意识和合作能力是现代社会对其成员的要求，也是现代人必备的基本素质之一。合作学习将个体竞争转化为群体竞争，同时在课堂上建立了一种新的人际关系和心理氛围。

教师在组织和指导学生合作学习时，首先要选择合适的内容。这些内容必须以小组合作的形式来实现课堂教学目标，并帮助学生参与整体，在原有的基础上得到发展。其次，合理设置学习小组，明确合作学习任务。根据学生的学习能力合理划分学习小组，以尽可能地平均每个小组的整体实力，使每名学生都清楚合作学习的任务。只有明确界定合作小组的任务和每名学生的个人任务，才能使其在合作学习中有集体责任感和个人责任感。只有积极合作，才能避免群体中个别学生承担大部分甚至全部任务，而导致有些学生参与不足，才能充分发挥每个学生的主观能动性。最后，要注意合作学习的监督和评价。在实施合作学习的过程中，可能会出现一些普遍性的问题，如合作讨论的冷场、话题偏离或学生完全主导讨论等，教师应认真分析问题产生的原因，并引导学生学习，掌握合作学习技能，明确个人责任和需要解决的问题，及时纠正偏差，实现个人和小组的学习目标。同时，要注意对学生合作学习进行及时、合理评价，有利于调动学生学习的积极性和主动性。评价的方式可以是口头的，也可以是书面的。评价应以动机和群体评价为基础，来评价合作学习小组的合作过程和合作效果。各小组成员的表现应与合作学习小组的成绩密切相关，使学生形成“小组荣誉、自我荣誉”的观念，实现相互合作、共同进步的意义。

（六）组织、指导探究

探究式教学是学生自主寻找问题答案的一种教学活动。它以学生自主学习为前提，为学生提供观察、调查、假设、实验、表达、提问和讨论问题的机会，使学生能够运用所学知识解决实际问题。值得注意的是，并非所有的化学知识都适合探究学习。在选择学生的探究内容时，教师不仅要考虑探究内容的价值，还要考虑任务的探究性和可操作性。应注意问题本身的难度，所需科学方法的复杂性，所用仪器和材料，以及解释和交流所涉及的知识范围，确保适合学生当前的知识水平。另外，在探究场所的选择上，只要学习内容需要、条件允许，都可以成为开展探究学习的场所，可以选择在教室、实验室，也可以选择走出校门、走进社会，在真实的自然、社会环境中开展学习活动。总之，教师必须为学生提供探究的必要条件，并进行适当的指导。教师要在充分考虑到学生安全的前提下，尽量尊重学生所设计的探究方案，避免把自己的观点强加给学生，要支持学生尝试，允许学生错误失败，使学生在错误和失败中学会反思和改进。只有这样，学生才能有更多的收获，才能学会真正的探究。

三、呈现教学信息与交流的技能

语言是人类最重要的交流工具。教学语言是一种专业语言，是教学思想的直接体现，是教师最广泛使用和最基本的信息载体，是教师完成教学任务、厘清教材、传授知识和提高教学质量的主要工具。尽管现代教学方法多种多样，但对于教师来说，语言表达一直是教学的主要传播方式。其表现形式多种多样，包括口语（口头语言）、书面语言（符号语言）以及肢体语言等，其中口语属于声学语言，书面语言和肢体语言属于视觉语言，视觉语言是声学语言的辅助形式。书面语言指传统的板书、以投影胶片为载体的书面语言以及以计算机为载体的现代信息技术中的图文表述；肢体语言是指用身体的不同部位来强化教学口语表达。教学语言是这三种语言形式的综合处理和展现，其中口头语言是教学语言中最普遍、最主要的语言形式，占主导地位。

（一）教学口语

1. 教学口语的特点

教学口语以学生为特定对象，在学校、教室等特定环境中应用，因此它具有教育性、科学性、规范性、生动性和针对性等有别于其他语言的特点。

（1）教育性。教书育人是教师的天职，学校工作的总目标和教师的职责决定了教学口语的教育性。因此，教师应该充分挖掘教材内容中的思想内涵，在教学中通过饱含情感、极富感染力的教学语言使之充分表达和体现，在知识教学的同时对学生进行思想教育。值得注意的是，教学口语的教育性不是枯燥的说教，而应该是随机渗透、启发引导。

（2）规范性。教师的语言是有声的行动、无形的楷模。首先教学口语必须符合现代汉语的规范和要求；其次，化学教学口语还要符合化学学科特点，必须运用该学科的专业术语进行教学。运用不当就会引起科学性错误，对学生造成不良的影响。需要注意的是，教学口语不同于日常生活用语，教学时一定要处理好通俗语言与学科语言之间的关系。例如有些教师用不恰当的方言或口头语代替化学术语，把“搅拌”说成“搅一搅”；把“完全溶解”说成“完全化了”；把“凝聚”说成“冻了”；把“振荡”说成“摇一摇、晃一晃”等。

（3）科学性。科学语言是科学准确教学内容的重要保证，也是帮助学生正确理解教学内容的前提。化学教学的科学性体现在其准确性、简洁性和逻辑性。所谓准确，是指用化学术语来表示准确。化学术语是国际化学界统一规定的用来表示物质组成、结构和变化的化学符号和科学缩写，它们具有简单准确地表达化学知识和化学思维的特点。所谓简洁性，是指教学口语要突出重点、言简意赅，这是由教育教学的特殊任务决定的。学校教育中一节课的时间有限，若想在有限的时间内把较多的知识信息传达给学生，教学口语就必须简明扼要。但需要注意的是，考虑到学生的年龄特点和知识基础，有些内容可以简化，但不允许出错误。所谓逻辑性，是指按事物发展的顺序，条理清晰、层次分明。

（4）生动性。生动的口语具有感染力，能够传递丰富而形象的信息，像携带着颜色和香味的食物等，人们迫不及待地想尝试。教师在教学中运用隐喻、故事等手段，可以降低知识难度。为学生创造一个熟悉的知识背景，让学生享受课堂，使学生可以学到一些知识。生动的语言不仅能突破困难，而且使学习变得生动有趣。但在使用时应注意口语教学的科学性和恰当性，避免出现科学性错误。

（5）针对性。口语教学的效果在很大程度上取决于学生的理解和接受程度。教师应根据学生的年龄特点、心理需求和知识水平来设计口语教学，以达到最佳的教学效果。例如，相同的教学内容，在不同的课堂上，可以使用不同的口语教学风格。基础良好的学生往往喜欢严谨、简练、深刻的教学语言，而基础较弱的学生更喜欢简单生动的表达方式。总之，教师应根据学生的年级和年龄特点，改变教学语言，对低年级学生使用更多的视觉语言，对高年级学生使用更多的论证性语言，充分考虑教学语言的针对性。

2. 教学口语的表达方式

教学口语的表达方式主要有叙述、描述、解说、论证、评述等。

（1）叙述。叙述即陈述、描述客观事物，是指教学中教师将科学文化知识向学生做较客观的陈述说明，是教师需要掌握的最基本的表达方式。这种方式特别适宜于把事件的起因、发展、事情的变化过程以及人物的活动经历等表达出来，可以使学生获得清楚、完整的知识或事实。采用这种方式的关键是语言条理清楚，切忌冗长拖沓，一般要求语速从容，语调在平实中又有起伏。

叙述可以分为纵式叙述和横式叙述。纵式叙述是根据事物在时间上的联系而进行的语言叙述，如历史事件、化工工艺流程、化学合成路线等可以采用纵式叙述方式；横式叙述又称并列叙述，是根据事件的非时间性联系进行的叙述，如对氧气的化学性质的叙述。

（2）描述。描述是指在叙事语言的基础上增加许多装饰元素，用直观、生动的语言描述教学内容。例如，在描述化学现象时，教师应该从视觉、嗅觉、听觉和触觉的角度来描述实验中的颜色、状态、气味、声音、光、热等具体现象，而不是直接说出实验结果。在描述现象时，教师还需要注意语言的准确性，应该把“烟”和“雾”“光”和“火焰”区分开来，注意按现象出现的顺序全面、完整地描述现象。

（3）解说。解说是指在教学中教师向学生解释事物、剖析原理的教学表述方式。化学教学口语中的解说要力求准确、清晰、简明、生动、通俗易懂。设计化学解说语时要注意以下几点：第一，保证化学语言的科学性；第二，切合学生的理解水平，深入浅出；第三，语速不宜过快，关键词可用重音解说。

实验操作的解说语言必须准确简明，一些关键词尤其要注意用重音解说。

（4）论证。论证是指教师有计划、有步骤地向学生解释问题，通过实例、现象和事实得出结论、形成概念、原理和定理的方式。其特点是组织清晰，结构严谨，逻辑性强，能充分解释现象与各种事物结论之间的因果关系。

（5）评述。评述是指对某种情境或知识发表见解。评述可分为很多方式，常见的有：教师独白式评述；学生述，教师评；教师述，学生评；师生共述共评等。教师的评价可以反映教师的个人态度和观念，直接影响学生重要观念的形成；学生的评价能充分发挥学生的主观参与，加强学生思维表达能力的培养。

3. 教学口语的应用策略

教学口语看似简单，但要在化学课堂教学中恰当应用却需要明确一定的策略。在课堂教学的不同环节中，教学口语的应用策略是不同的。

（1）导入语。导入语是教师上课开始时的一段语言，是教学的开启和过渡，虽然只有短短的几分钟，其作用却不可忽视。课堂教学的导入，犹如一首乐曲的“引子”和戏剧的“序幕”，精彩的课堂教学导入，对学生圆满完成新知识的学习具有十分重要的作用。

设计导入语时应有：

①目标意识，即明确导入语是为了帮助学生理解新课题的教学目标。

②吸引意识，即了解如何讲才能吸引学生。众所周知，新异的信息和事物往往能立即引起人的注意，而刻板、单调、陈旧的事物则使人厌倦，因此，课堂教学中生动的化学实验、充满趣味的化学故事等都是引导学生有效集中注意力的好方法。

③效率意识，即要讲得简明、扼要，避免随意性。

（2）讲授语。讲授语是指教师系统、完整地阐释教材内容的教学口语，是教学过程中最常用的表达方式。有些老师讲课喜欢用书面语，认为这样显得很专业，但是学生往往理解起来比较费力。好的讲授是让学生容易明白，容易记住。一个讲授能力强的教师，能简洁、清晰地解释清楚一个抽象或难懂的概念。具体而言，讲授时应注意：

①简明准确，不能模棱两可。有效的讲授应是简明准确的，方便学生记忆。如果重点不突出或有太多废话，会使学生听完却仍困惑，会把学生思路无法抓住重点；模棱两可的语言，会让学生似懂非懂。最好的讲授语应是言简意赅，在重点处巧妙设疑，精心点拨，学生一经了解，就能牢牢记住。

②分层讲解或边讲边归纳。分门别类、划分层次可以使讲授条理清晰。讲授顺序要符合知识本身的逻辑顺序及学生的认知情况。教师语言的条理性讲解可以直接帮助学生在头脑中建立知识网络。另外，边讲边归纳内容要点的讲授方式也是教师最常用的语言策略，教师每讲授一段内容后及时归纳出的提要就像给学生一根绳索，将零碎、繁杂的知识点都串起来，利于学生进一步消化吸收和记忆。

③语速适中，随时调节。语速太快，学生来不及理解，尤其是在讲到重点或者关键之处时，适当的停顿能给学生留有回味与理解的余地。当然也要避免语速太慢，防止学生大脑进入休眠状态情况的发生。教师有时也会发现，有些地方自认为是很简单的内容但是学生却难以理解，有经验的教师就会通过观察来随时发现学生眼中的困惑，并调节讲解的速度来帮助学生理解，必要时会重新加以讲解。

（3）过渡语。又称课堂凝聚力和转换语言，是不同教学环节的“粘合剂”。熟练运用过渡语言可以起到承前启后的作用，把一节课的内容连接成一个整体。过渡语也是一种主导语言，使学生在不知不觉中受到感染和引导，从一个学习领域过渡到另一个学习领域。

（4）提问语。提问语言是教师在课本和学生提问的基础上进行的一种探究。课堂提问是一门通过提问来激发兴趣、反省的综合性教学艺术。课堂提问是一种不容易控制教学活动，因此，提问技巧是教师必须掌握的基本教学技巧。善于运用问题激发学生思考是几乎所有优秀教师教学艺术的特点。

研究表明，并非所有的问题都能激励学生的思考。教师可以设计非常具体而简单的问题，这样学生就可以很容易地得到标准答案，此外，还可以设计问题，使学生能够调动自己的经验、意志和创造力，通过发现、选择、重组和其他过程形成答案。也就是说，不同问题引起的学生思维参与程度不同。人们通常把问题分为两个层次（低层次问题、高层次问题）和四个类型（记忆问题、解释问题、整合问题和创造性问题）。

低层次的问题只能通过认识、记忆和简单运用知识来回答，知识作为学生学习的基础；高层次的问题需要学生在一定程度上通过处理知识来解决，这可以促进学生对知识的深入理解和培养学生的思维能力和创造力。

在课堂提问中，教师应根据具体的教学内容设计不同层次的问题，以满足不同层次学生的需求。同时，教师应注意先提问容易的问题，后提问难的问题，以符合学生的认知发展顺序。例如，进行元素原子半径的周期变化的教学时，可以设计三个问题：元素的原子半径是多少？元素的原子半径是如何周期性变化的？为什么元素的原子半径会周期性地变化？

这三个问题的难度依次增加。每个问题都是基于前一个问题的答案。在回答前一个问题时，扩大了学生的“现有知识”。回答后一个问题所需的知识可以与学生的“现有知识”联系起来，进行比较和分析。

（5）小结语。小结语指教师讲完一部分内容或课堂结束时所作的总结性发言。一堂课的成功，不仅要有引人入胜的导入语和环环相扣的讲授语，还应该有精致的小结语。结课与导入互为呼应，是导入的延续和补充，导入的内容与问题在课堂结束时应得到充分的解答和总结。有些教师总采用平淡的语调结束：“好！今天的课就上到这里，下课！”却不知错失了教学中关键的一环。有效的小结语，不是简单机械地重述所讲内容，而应该明确教学重点、提示知识要点，使学生所学的知识形成系统、转化升华。

需要注意的是：结课方式不可一成不变，避免给学生留下机械、单一的印象，要因人而异、因课而异。不同形式的小结语具有不同的教学效果：归纳式小结语，提纲挈领、画龙点睛，能达到由博返约、有助记忆的目的；开拓式小结语，将课堂内容纵深开拓，将某一个化学知识的学习方式推演到其他相关化学知识的学习中去，教会学生掌握通用的科学方法；启发式小结语，可激发学生学习新知识的欲望，启发学生主动预习下一节课，引起学生探索“下一节课”奥秘的兴趣。

总之，教学口语是保证准确、清晰地传递教学信息，实现教学目标的重要工具，口语技能水平差的老师，满腹经纶，却是“茶壶里煮饺子——有嘴倒不出”，而化学教育的发展对化学教师口语技能的要求越来越高。因此，教师应通过有意识的长期积累，刻苦磨炼基本功，以提高自我的口语技能，并达到较高的水平。

（二）书面语言

1. 教学媒体

媒体通常有两种含义：一种是存储信息的载体，如磁带、磁盘、CD、半导体存储器等，通常翻译为媒介；另一种是传输信息的实体，如数字、文本、声音、图形等。以传递教学信息为目的，在教学活动中使用的媒体称为教学媒体。

教学媒体通常分为传统教学媒体和现代教学媒体，每一种媒体都包含着各种各样的媒体。传统的教学媒体包括实物、实验设备、模型、标本、挂图、教师语言、板书、教科书等，在现代教学媒体出现之前经常使用。现代教学媒体是以现代电子信息技术为基础，以声、光、电为特征的教学媒体，包括幻灯机、投影仪、电视、录像机、录音机、计算机以及与现代教学媒体相匹配的教学软件。

值得注意的是，不同的教学媒体具有不同的功能，每种教学媒体都有其最适合的使用场所。同时，各种媒体都有其局限性，因此在选择和使用教学媒体时，应考虑其优势并弥补其不足。首先，教师应根据教学目的和教学内容的特点，选择合适的教学媒体，不应形式化，也不应淡化教学主题。教学媒体应在辅助教学中发挥有效作用，能够清晰、完整地向学生传递教学信息，并具有较强的表现力；其次，选用的教学媒体应便于使用、制作、控制和维护。在学校中，从经济和实践的角度出发，灵活选择教学媒体，以提高教学质量和学生的学习水平。必须将教学媒体的使用与教师的讲解相结合，使学生能够通过各种感官获取信息。

2. 板书

板书写是教师利用黑板以简洁的文字、符号、图表等形式传达教学信息的一种教学行为。课堂教学中的板书是一种无声的语言，是教师传授知识给学生的手段，也是教学的“窗口”。尽管随着电子教学的不断发展，板书作为一种传统的教学方法，仍然发挥着其独特和不可替代的作用。因此，板书写作是每个教师必须掌握的基本教学技能。

板书是化学教学的重要辅助手段。它是课堂教学中不可缺少的一部分，是课堂教学中相互补充、丰富课堂教学表达的重要组成部分。其主要作用就是揭示教学内容的重点、难点、关键点和知识间的逻辑关系，展现知识的脉络体系和结构，从而帮助学生理解教学内容、把握知识的整体结构及其内在联系。一个完整的板书应该体现一节课的完整教学过程。教师的教学思路形象化地展现于黑板上，既能将教学信息的结构和内在联系呈现给学生，又可以大大增强教学内容的直观性，并通过调动、刺激学生的视觉器官，集中学生的注意力，便于学生进行记录、联想，以提高学生的记忆效果，引导学生进行思考。另外，经过精心设计的板书，文字规范、图文准确，可以给学生起到示范作用。

根据黑板的系统性和重要性，人们通常把黑板分为主黑板和辅助黑板。主体黑板包括教学的大部分内容，如题目、教学大纲、教学要点、重点和难点。一般来说，板书的主体可以构成一个相对完整的知识体系，写在黑板的左侧，尽量保持到课后，不易擦除。辅助黑板写作是对主黑板写作的补充，它是帮助学生理解课堂主要内容的辅助手段。它通常写在黑板的右边，可以随时擦除，不需要保留很长时间。

（三）肢体语言

所谓肢体语言，是指人们在交流过程中，用来传递信息、表达情感和表达态度的具体的非言语的肢体姿势。简而言之，肢体语言使用表达、手势和姿势来表达某些含义。教师在教学中，使用口头语言时，往往伴随着相应的肢体语言，如表情、眼神、手势等。正确使用肢体语言可以提高教学表达的效果。作为语言表达的补充，它可以提高教学的信息能力和准确性，使教学生动，激发学生的学习兴趣，加强师生之间的情感交流，达到预期的教学目标。

四、课堂教学调控与管理技能

（一）课堂教学调控

1. 概述

课堂教学调控是指教师以课前教学设计为基础，自觉运用控制论原理，从学生的认知结构、能力条件出发，针对课堂教学的实际状态，依据教材的具体内容和学生的反馈信息，为保证课堂教学有序和高效的进行而做出的一系列调节与控制。课堂教学调控过程，是教师有效传输信息、引导学生接受信息和及时处理学生反馈信息的过程。

2. 课堂教学调控的类型

从课堂教学管理的角度出发，按照调控的内容不同，课堂教学调控通常分为：课堂环境的调控、课堂行为的调控、课堂时间的调控、课堂教学内容与方法的调控等。

（1）课堂环境的调控。课堂环境的调控包括课堂物理环境和心理环境调控。教师应注意物理环境的布置，因为良好的课堂氛围的形成离不开整洁、舒适的课堂环境。教师应组织学生有特色地布置教室，确保要教室有良好的通风、适宜的温度、合适的光线等，还要注意座位的编排情况。

课堂心理环境可分为课堂人际关系与课堂心理气氛两类。教师在课堂活动中应避免权威心理，主动与学生沟通；对学生要有积极的期望；同时，要引导学生相互信任和关爱，使学生的人际交往健康发展，进一步形成具有共同目标的学习型集体。建立良好的师生关系，有助于形成良好的课堂氛围。课堂心理氛围是指课堂集体在课堂上的情感状态，是教师和学生在课堂上创造的心理、情感和社会氛围。课堂心理氛围可分为民主氛围、专制氛围和自由放任氛围。课堂心理气氛既受到校风、班风的影响，也受到教师权威、教师领导方式的影响。教师在对课堂心理气氛进行调控时应尽量采取民主的领导方式，讲究教学的艺术，并保持愉快、振奋的心理。

（2）课堂行为的调控。课堂行为可分为课堂积极行为与课堂问题行为两种。课堂积极行为应得到及时强化和鼓励，对问题行为则应慎重对待。课堂问题行为又分为两类：扰乱课堂秩序的行为和影响学生自身学习效果的行为。扰乱课堂秩序的行为包括交头接耳、传递纸条、高声笑谈、敲打作响、互相指责、攻击、故意违反纪律等，教师应加以削弱和制止。影响学生自身学习效果的行为表现为上课发呆、注意力不集中、胆小害羞、不主动参与课堂教学活动等，需要教师给予注意和适当引导。所以教师首先应明确学生在课堂上的行为属于什么类别。此外，教师还应具备处理突发事件的能力。如果能恰当处理一些本来属于问题行为的事件，往往会变成教学活动生动起来的契机，教学内容也可借此得以深化。

（3）课堂时间的调控。课堂时间的调控包括课堂教学时间的分配、节奏、速度等。课堂教学的时间可分为分配时间、专注时间与学科学习时间，这三种时间时长依次递减。分配时间属于具体分配的课堂时间，是最长的；而除去教师组织教学后剩下的是专注时间；学科学习的时间最短，是学生真正进行学习的时间。教师应在对课堂的有效控制下尽量减少组织教学的时间，同时把握最佳时域，以提高课堂教学的有效性。有研究指出，开课后 5 ~ 20min 是课堂教学最有效的时间段，也有研究者认为上课后的 20 ~ 25min 是学生注意力最稳定的时间段。教师根据具体授课内容不同等因素可能会有不同的结论，但教师要善于抓住最佳时域，突出重点、难点，完成主要的教学任务。

从课堂教学的节奏看，每一节课的进行实际上都是波浪式的，学生的注意力会随着新内容的出现不断转移和集中，形成课堂教学的自有节拍。节奏慢的地方往往是教学的难点、重点、学生易产生问题的地方，节奏快的地方则有助于学生养成快看、快写、快说、快思的习惯。

教学速度是指单位时间内完成的教学任务量，也指在固定的单位时间内接收到的信息量。教师要善于及时捕捉学生的反馈信息，当大部分学生能够目不转睛紧随教师的思路时，说明此时的教学速度是合适的；当学生低头不语、东张西望、目光游移，或者虽看似认真地听课但却眉头紧蹙时，教师就要根据自身经验并综合学生平时的状况做出正确判断，如果属于速度过快或过慢引起的，就要及时调整。总之，教师要善于从学生的反馈中得到信息，调整教学速度，把握教学节奏，使课堂教学如行云流水，有张有弛，与学生生理、心理特点相吻合。

（4）课堂教学内容与方法的调控。课堂教学内容的调控是指教师对课堂教学内容的数量和深度的调节和控制。从教学内容的数量控制的角度来看，每节课安排的教学内容应适当，注意难度适中，以适应学生学习能力。内容过难可能导致学生可能不懂；内容过于简单不仅降低了教学要求，而且还可能使学生的学习热情受挫。此外，还需要注意的是，课堂教学时间有限，不同班级的学生作为教学知识的主体是不同的。因此，教师在确定具体的教学内容时，不仅要遵循化学教学的认知规律，还要考虑不同班级学生的具体认知水平。为了有效控制课堂教学，教师对教学内容的调控应建立在学生的最近发展区上。

在新一轮基础教育课程改革后，化学教材中的实践性环节有所增加，教师教学方法的选择上应注意学生的参与度，掌握如何指导好研究性学习、探究性学习与基于问题的学习的教学方法。

3. **教学调控的方法与技巧**

课堂教学的效果在一定程度上取决于课堂调控的方式和力度。规章制度的主体可以是教师，也可以是在教师指导下具有一定自控能力的学习者。也就是说，规则可以分为两类：教师有效的规则和学生成功的自我控制。这两种调控都对课堂教学的效果有很大影响，在一定程度上，一节富有成效的课正是这样一个由教师的有效调控与学生的成功自控所形成的。然而学生的自控能力受自身年龄、素质和环境因素的影响。当学生的学习出现偏离学习目标的失控现象时，教师可以增强教学语言的幽默感和生动性，从旁加以必要的点拨等来帮助学生回到正轨。

学生的自我控制能力不是天生的，需要教师有目的地训练和引导。在新课程中，教师将是学生的朋友、指导者和推广者。教学管理的原则是平等指导。在传统教学中，要避免教师和学生的对立，促进二者的互补，形成积极的协同作用。为此，教师可以在课堂教学控制中采用以下技能：

（1）表达。当教师讲课时，如果发现学生在说话或做小动作教师可以用眼神或严肃的表情来指示和警告学生集中精力学习，从而使学生意识到教师发现自己没有注意到课程。

（2）移动指示方法。教师注意到有些学生分心阅读其他书或其他物品时，若简单的表情提示不起作用时，教师可以走到这个学生面前，在讲课时突然停下来。这样，学生会发现并很快意识到教师在提醒自己注意听讲或积极思考。

（3）手动指示。有时在课堂上会发现一些学生昏昏欲睡，甚至在不知不觉中睡着。教师可以一边讲课一边轻拍学生的肩膀或头部，鼓励学生锻炼自我控制能力，克服困倦，把注意力集中在学习上。

（4）隐喻符号。通常教师在课堂上应保持适当的音量。最好的音量是全班每个学生都能听得清楚。语速和音量应根据教学的实际需要确定。当学生分心或受到窗户外噪音的影响时，教师可以减慢或加快说话速度，或突然停顿，或增加音量来吸引学生的注意力。

（5）问号法。在实践教学中，教师经常发现这样的现象：有的学生似乎在听课，但心思根本不在课堂上；有的学生根本不理解而假装理解；有的学生表现不耐烦、紧张情绪。因此，教师可以在讲解过程中及时提出一些简单的问题，使学生能够复述或回答，确保学生能够专心听讲，从而教学效率。

（二）课堂管理

1. 课堂纪律管理

混乱的课堂纪律常常会令人不知所措实际上，课堂不是简单的“你听我讲”这种理想模式。尤其是对于活泼好动的低年级学生来说，长时间坐在那里听课实际上并不容易。如果教师讲得不够有趣，学生就会在心里堂而皇之地为自己找到不听课的理由，开始分散注意力，找人说话，消磨时间。或者说，如果教师一开始就不能抓住学生的注意力，激发学生学习的兴趣，不能持续保持学生的学习状态，课堂就会陷入混乱。那么，如何成为驾驭课堂的高手呢？关键在于建立起一个维持课堂活动进行的动力系统，即在教学的各个环节中建立起能驱使学生持续学习的推动力。这个系统由三部分组成：

①发动部分：上课导入时所需要引发的学生学习的热情和兴趣。

②维持部分：学生学习过程中的兴趣与热情的保持。

③强化部分：下课前对学生学习成果的巩固。

如果教师能在教学设计时融入动力系统，那么教师就建立了一个完整的心理链条，就能持续地推动学生课堂学习，使其课堂富有生机与活力。

课堂动力系统中最主要的动力是学习的注意力。因此，课堂纪律管理中的关键技巧就是对学生注意力的控制。控制学生注意力应包括两个方面：一是吸引学生的注意力；二是维持学生的注意力。

抓住学生注意力是有效教学的开始。有些老师对低年级学生采用唱一首歌或背诵定律等方式，让学生的情绪平稳下来，将分散的注意力集中在教师身上；对高年级学生则采用直接申明本节课的学习任务和目标，高年级学生往往比较关心课程内容，学习重点。而有些老师则采用沉默环视。学生刚上课由于课间活动的兴奋，情绪一时没有平复，可能会与周围学生谈论，有经验的老师会站在讲台一言不发，环视全班，等待学生安静。学生往往因为猜不透教师下一步要干什么而忽然安静下来，当然，还有很多方法如故事导入、设置悬念等。

上课一开始稳定学生情绪，让学生的注意力集中到教师身上并不难，但怎么利用学生精神集中的这短暂几分钟将其带入持续集中的状态呢？有些老师会采用多种教学手段来消除单调与疲乏。如果教师在课堂上一讲到底，学生容易产生单调感，当学生觉得老师讲课无聊时，就开始东张西望。这时教师如果任其发展，很快课堂秩序就被打乱。有经验的教师能敏锐捕捉到学生的情绪变化，会随机应变，立刻转变教学方式，或由讲变为练习、或开始提问。然而随机应变并不是解决这种问题的最好方案。如果在上课之前，就设计多种教学方式，如组织学生提问、讨论、答疑、总结、测试等，这样波澜起伏式地安排教学，可以让学生的左右脑交替运用，使其情绪饱满地进行课堂学习。有些老师采用随机提问的方式来维持学生的注意力。不过提问方式不当也会造成纪律问题。有的教师为了让每一个学生参与进来，就依次提问，被提问过的学生或者知道自己比较晚一些时间才被提问的学生，有可能就会走神，甚至是说起悄悄话来。采用随机提问，学生不知道教师什么时候会突然提问到自己，于是人人紧张生怕被问到时答不出来，于是投入思考状态，课堂自然安静下来。

另外，面对一个爱说话、活跃型的班级如何管理呢？如果教师能布置一些由学生独立完成的学习任务，让学生忙碌起来，减少闲聊。合作式学习也是一种课堂管理方式。教师们时常会发现，当采用合作式学习方式进行教学时，课堂纪律管理的问题似乎突然消失了。每个学生更加努力投入学习当中去，学生不再是旁观者，而是作为一个参与者、也可以在组里发言、讨论、获得启发，打开思路，发现自我，享受学习的乐趣。这样的课堂就处在了良性的运行状态中。

需要注意的是，一个好的课堂纪律除了教师的课堂教学管理与组织能力，还取决于学校的日常教育管理。在一个管理严格的学校，学生在课堂上的纪律问题就出现得比较少；相反，一个把课堂纪律全部推给教师来管理的学校，学生在课堂上更容易出现问题。总之，课堂纪律是各方面教育工作的综合体现，需要各方面共同努力，协调配合，才能有效地解决课堂管理问题。

2. 课堂管理的策略

首先，教师根据学生的认知能力和心理特点，确定课堂管理目标。课堂实施的各项管理措施，包括组织、协调、激励、评价等，都要努力为既定的教学目标服务。正确的目标直接影响和制约着师生的课堂活动，起到积极的指导作用。其次，教师应努力构建平等民主的管理机制。传统课堂管理强调要求学生遵守规章制度，注重处理学生的问题行为和消极行为。在规章制度的约束下，学生只能“被动反应”，不能真正成为课堂学习的主人。最后，教师应该注意过程管理。新课程实施以来，课堂发生了明显的变化。在新的课堂上，师生活跃，学生参与度高，必然增加管理难度。此时，教师必须准确把握新课程理念，深刻理解新的教学方法和学习方法的内涵，逐步引导学生掌握和实践新的学习方法。只有这样，学生才能真正成为新课程的学习主体。

大量事实证明，教师能否有效地管理课堂，是决定课堂教学成败的关键。没有有效的课堂管理，新课程改革的实施只能成为空中楼阁。当前，在新课程改革中，教师要纠正忽视课堂管理的片面做法，不断探索新课程下课堂管理的新方法、新思路，实施有效的课堂管理。只有这样才能真正实现新课程的目标，才能构建和谐、民主、平等、灵活、互动的课堂。

第三节　化学实验教学

化学是一门以实验为基础的自然科学。化学科学的形成和发展离不开化学实验，现代计算机化学以及运用计算机进行分子设计、模拟实验的出现，也没有改变化学学科的实验性这一根本属性。

化学教学也离不开化学实验。化学实验不仅是中学化学教学的重要内容，也是最常用、最有效的教学方法，更是学生学习化学的重要途径。从认知心理学的角度看，化学实验和化学实验教学尤为重要，因为实验过程符合学生对世界和物质的认知规律。实验过程中的许多因素都能激发学生发现新知识。化学实验是学生形成概念和理解化学原理的基础，是掌握化学学习方法的重要途径。在实验教学活动中，应充分挖掘实验的多层面教育功能，通过实验传授科学方法、科学态度、价值观和世界观。更为重要的是，在时代倡导素质教育的今天，化学实验教学为培养学生的创新意识和实践能力提供了有效途径。

1. **良好的开端**

俗话说：“良好的开端是成功的一半。”在第一次实验之前做到以下几点：首先，教育学生心态要放松，初次实验时学生往往既兴奋又紧张，忙乱中易出错。教师要做好学生的心理疏导，要求学生胆大心细，按要求规范操作。其次，进实验室之前要让学生学习并遵守实验室安全管理规则。最后，对学生的分组要细致，可以让学生按固定座位依次入座，并任命小组长，同时将能力强的学生和能力弱的学生搭配在同一个小组。此外，教师要在第一次实验之前对学生预习进行指导，并检查学生预习报告。让学生有备而来，避免盲目做实验。

2. **正确地重复**

俗话说："正确的重复是功夫"。在化学实验教学中，良好习惯和技能的形成必须是一个长期的过程。教师要根据学生的心理特点培养学生良好的实验习惯。要按实验程序进行实验，围绕"明确目标—提出假设—实验探究—总结规律—获得结论"这一主线，让学生反复地做实验，促进学生形成技能。另外，要规范操作，长期坚持，才能形成技能。尽管实验教学中新的技能并不是很多，但很容易出错，因此很有必要不断重复。学生要多练习，才能熟练，形成技能。在实验的过程中教师要示范正确的操作，因为对教师而言看似很简单的操作学生不一定能掌握，所以教师要不厌其烦地重复强调、示范这些操作。如液体药品的取用、量筒的读数方法等。

3. **合作学习**

俗话说："团结就是力量"。良好习惯和技能的形成在化学探究实验过程中单纯依靠教师往往是不够的，需要师生的共同努力。小组内成员要互相帮助，分组时优等生和学困生相互搭配以增强合作意识，促进能力的形成。探究实验是否能顺利完成一定程度上取决于合作程度，因此，教师一定要让学生明白集体力量一定胜过个人，来增强学生的合作意识，确保实验的成功率。教师要时常提醒学生实验中存在的问题，以便及时纠正，避免不良习惯的养成。同时教师加强师生交流，让学生及时反馈实验中存在的问题以及心中存在的困惑，以便及时得到解决。在实验习惯初步形成后，教师应及时了解学生习惯保持情况，确保良好习惯的最终养成。

总之，在化学实验教学中，学生好习惯的养成和实验技能的有效提升需要教师把握好实验教学中的各个环节，需要师生的共同努力，并深入探索化学实验的组织细节。

第七章　化学绿色原料应用及发展

第一节　绿色原料应用及发展

初始原料的选择在很大程度上决定着一个化学反应类型或合成路径的特性。其选择是绿色化学首先应考虑到的关键因素。

一、石油的替代原料

化工原料一般可分为有机化工原料和无机化工原料。目前，90% 以上的有机化学品是由石油加工合成的。石油加工是一个能源密集型产业。例如，美国炼油消耗了其总能源消耗的 15%。随着原油质量的下降，能源消耗也在增加。在石油转化为有用的有机化学品的过程中，通常会发生氧化反应，而氧化反应是所有化学合成中污染最严重的。因此，开发替代石油原料以减少人类对石油的依赖是人类面临的一个重大问题。

研究表明，农业和生物资源是石油很好的替代品。许多农产品，如玉米、大豆、土豆和糖浆等都可以转化为有用的化学品或燃料，如纺织品、尼龙和燃料。农业废弃物、生物量和非食品生物制品通常含有木质纤维素，也可作为化学原料。例如，霍尔茨普尔教授成功开发了将废弃生物质转化为动物饲料、工业化学品和燃料的技术，并获得了美国总统绿色化学挑战奖。弗罗斯特和德拉特教授开发了一种由纤维素和淀粉水解葡萄糖合成己二酸的方法，取代了传统的从石油中提取苯合成己二酸的方法，同样获得了美国总统绿色化学挑战奖。生物燃料已开发出一种将废纤维素转化为乙酰丙酸的新技术，其中乙酰丙酸是生产其他重要化工产品的关键中间体。

传统的反应生产乙酰丙酸产量的非常低。菲茨帕特里克发明了一种反应器，可以消除副反应，使反应朝着有利于产品生成的方向进行使乙酰丙酸的收率可达 70% ~ 90%，同时可得到甲酸、糠醛等有价值的副产品。目前，生物柴油是以可再生的动植物脂肪酸单酯为原料合成的，在全球得到了广泛的发展和研究，它不仅可以减少对化石燃料的需求，还可以减少传统石油燃料对环境的污染。此外，我国生物量转化研究也取得了一些成果。例如，寇元提出利用金属纳米离子催化纤维素加氢制备多元醇单体的新思路。石化科学院开发的高压醇解法生产生物柴油有望实现完全工业化。

生物质包括植物光合作用产生的所有物质。生物质作为化学原料有许多优点：

（1）生物质的结构单元具有多样性。生物质原料通常具有特定的三维结构和光学特性结构。这些结构因素可用于合成过程中生产不同的产品。同时，基因工程也可以用于优化植物的生长，生产线管理可以使植物产生更多生活所需要的化学物质所需要的结构。

（2）生物质的结构单元通常比原油复杂。如果能有效利用结构单元的复杂性，则可以减少副产品的生成。

（3）从原油结构单元中提取的物质通常需要氧化，而向碳氢化合物中引入氧气的方法非常有限，通常使用有毒试剂（如汞、铅等）造成环境污染。然而，从生物质中提取的物质通常是氧化产物，不需要引入氧气。

（4）利用生物质可以降低大气中二氧化碳的浓度，从而减缓温室效应。

（5）增加生物质的使用，可以延长地球上石油资源的使用时间，保证必须以石油为原料的产品的生产，从而有利于可持续发展。

总之，用生物质为原料来替代石油，产生的危害要小得多。同时，生物质的转化具有高效、高选择性和清洁生产的特点，反应产物易于分离纯化，能源消耗低，非常符合绿色化学的要求，而且还可以合成一些化学方法难以合成的化合物，因此，生物质是理想的石油品替代原料。但是用生物质作为化学化工原料，也有不足之处：

（1）以生物质为原料的化工系统仍处于研发阶段，在经济上不具有与石油工业相当的竞争力。从石油开采到从原油中提取各种有用的烷烃，再将其加工成中间体或最终化学品，形成了一套大规模、高效的生产体系。目前，已经掌握了许多获得高纯度单产品工艺的操作技术。这些都使石油工业在经济上具有竞争力。

（2）考虑到生物质作为化工原料时，是否会带来新的问题。

（3）由于植物的季节性生长特性，生物质的生产十分困难。在一年中，播种和收获时间有限。事实上，目前的化工生产商每天都需要持续稳定的原材料供应。若以生物质为化工原料，年初和年末获得的原材料供应可能会有所不同，这无疑会对生产产生很大影响。此外，生物质的组成极其复杂，各种物质的组成也十分复杂，它们的性质可能不同。如果需要为每种生物质建造工厂，就很难利用生物质。同时，传统的化工生产装置可能无法处理从生物质中提取的结构单元来获得日常需要的化学品，这无疑给传统的化工生产商带来了新的挑战。

木质素和纤维素是地球上极其丰富和可再生的有机资源。年产量约 1640 亿吨，是目前石油年产量的 15 ~ 20 倍，但人类利用率不到 2%。由于生物质来自二氧化碳（光合作用），其燃烧不会增加大气中二氧化碳的含量，因此比化石燃料更清洁。将廉价的生物质资源转化为有用的化学品和燃料是我国发展绿色化学的战略目标。生物技术最大的特点是能够充分利用生物质资源，节约能源，实现清洁生产，并实现一般化学技术难以实现的化学过程。该技术主要包括基因工程、细胞工程、酶工程和微生物工程。采用绿色生物化学技术将生物质转化为有机化工原料，可创造可观的价值。我国是一个农业大国，每年有 10 多亿吨稻草，但大部分被直接燃烧，利用率不到 5%，浪费了可再生生物质资源。因此，我国应大力发展绿色生化技术，这不仅具有重大的现实意义和深远的历史影响，也将推动我国经济的发展。实现可再生生物资源替代广泛使用的石油原料，需要长期不懈的努力。

此外，越来越多的非传统生物制品也被逐渐开发为可再生资源，用来合成产品。如城市生活垃圾被用于生产生态水泥，可以有效解决废弃物处理占地、石灰石资源和节省能源的问题。

二、有毒有害原料的替代物

在传统化工生产中，经常要用到有毒、有刺激并对生态不利的、用于合成的原料，推动这些原料的绿色化是发展绿色化工工艺和技术的重要手段。

（一）替代光气的绿色原料

光气的分子式为 $COCl_2$，也称碳酰氯，是一种活性气体，用途广泛。可广泛用于制备异木酸盐、碳酸二甲酯、聚碳酸酯及除锈剂、灭火剂及染料中间体。但它同时也是一种剧毒气体，对人体及周围环境造成严重危害。因此，用无毒、低毒的化学品替代光气生产某些化工产品是十分必要的。

目前，替代光气原料的成功开发，包括：

（1）美国恩尼化学公司成功地开发了以一氧化碳（CO）、甲醇（CH_3OH）和氧气为原料，以氧化亚铜为催化剂制备碳酸二甲酯（DMC）的工艺，并实现了工业化，从而淘汰了以磷为原料生产 DMC 的传统工艺。并实现原料的绿色化。

（2）美国德士古公司成功以环氧乙烷或环氧丙烷、二氧化碳和甲醇为原料，采用两步法合成碳酸二甲酯，避免了使用光气。

（3）以尿素、丙二醇、甲酸为原料，采用两步法成功制备碳酸二甲酯。它不再以光气为原料，实现了原料的绿色化。

（4）甲苯二异氰酸酯是聚氨酯泡沫塑料的主要原料。国外研究人员成功地利用二氧化碳或一氧化碳与有机氨反应生成异酯，并实现了工业化。该工艺改变了以光气为原料的传统工艺。

（5）聚碳酸酯是一种透明性高、性能优异、应用广泛的高分子材料。小宫成功地研究了使用碳酸二甲酯代替光气和双酚A生产聚碳酸酯的清洁工艺，避免了有毒有害的原料和可疑的致癌物氯甲烷作为溶剂，从而实现了两个绿色化工目标。

（二）替代氢氰酸的绿色原料

氢氰酸（HCN）是一种剧毒化学品，但它能提供氢氰离子（CN^-），广泛用于生产各种氰化合物，如丙烯酸、农药中间体和农药。由于氢氰酸对环境和人体的严重毒性，国内外正在发展代替氢氰酸为原料的清洁生产技术。例如，日本旭化成公司成功开发了异丁烯直接氧化制甲基丙烯酸的技术，取代了传统的以甘油三酯和丙酮为原料的方法；德国巴斯夫公司也成功开发了类似技术：以丙醛和甲醛为原料生产甲基丙烯酸的技术，从而消除了使用高毒性的甘油三酯的需要。德国巴斯夫公司还开发了异丁烯与氨直接反应生产叔丁胺的工艺，既避免了以剧毒的氢氰酸和异丁烯为原料的生产工艺，又降低了成本。中国科学院化学冶金研究所研制成功了一种从硫代硫酸盐溶液中提取金的环境友好型清洁生产工艺。

三、绿色原料碳酸酯

（一）碳酸二甲酯

碳酸二甲酯近年来受到国内外研究人员的广泛关注，是一种用途广泛的基本有机合成原料，被誉为有机合成的“新基块”。由于其分子中含有甲氧基和羰甲基而具有很好的反应活性。它在欧洲通过非毒性化学品的注册登记，被国际化学品权威机构确认为毒性极低的绿色化学品。碳酸二甲酯可替代剧毒的光气合成氰酸酯（TDI、MDI）、聚碳酸酯，代替硫酸二甲酯或卤化物作为甲基化试剂，如*C*-甲基化、苯酚甲基化、与硫醇反应。碳酸二甲酯有望在诸多领域全面替代光气、硫酸二甲酯（DMS）、氯甲基甲酯等剧毒或致癌物，进行羰基化、甲基化、甲酯化及酯交换等反应，生成多种重要化工产品。因此以其作为绿色化工原料，在绿色化工制造过程中，具有非常广阔的应用前景。国内外关于碳酸二甲酯的研究很多，西北工业大学理学院应用化学系张雪娇等概括总结了绿色原料碳酸二甲酯在化工生产中的应用。

同位素酯是聚氨酯的主要原料。它可用于制造农药、涂料、除草剂、黏合剂等，通常由光气和氨基化合物反应制成。相关研究介绍了DMC与氨基化合物反应合成氨基甲酸甲酯，氨基甲酸甲酯可以被热解生成相应的异丁酸盐。该工艺能有效避免光气对环境的危害，反应条件温和，副反应少，副产物甲醇易脱除，产品易于分离纯化。这是一种具有工业潜力的异氰化物合成方法。无需溶剂和催化剂，反应容易进行，但效率低。在超临界二氧化碳存在和超高压下可获得较高的收率。

DMC 代替光气与苯酚进行酯交换反应合成碳酸二苯酯（DPC），该反应分两步进行：首先是 DMC 和苯酚进行酯交换生成中间体碳酸苯甲酯（PMC），然后 PMC 和苯酚进一步反应生成 DPC 或发生歧化反应生成 DMC 和 DPC。因 DMC 与苯酚反应容易生成甲基化产品，且 DPC 的产率较低，美国一家化学品公司巧妙地引入乙酰基，通过 DMC 与乙酸苯酯（PA）的酯交换反应生产 DPC。沈荣春等对该反应路线进行了一些探索性的研究。发现 DMC 与 PA 反应合成 DPC 是一典型的酯交换反应，属于连串可逆反应，而无任何副反应发生，并且有机钛催化剂在该反应的催化性能明显优于有机锡。该路线具有较高的转化率和选择性，而且通过苯酚与乙酸生产乙酸苯酯的反应可以联产乙酸，副产品乙酸甲酯可循环生产乙酸，整个过程实现了“100% 原子利用率”，是一条真正意义上的绿色化学路线，极具经济价值。

N– 甲基芳胺是合成染料、香料、植物保护剂等的重要原料。以 DMC 替代卤代甲烷与苯胺在催化剂作用下进行反应合成 *N*– 甲基苯胺，不会产生酰基甲苯胺副产物。如选择钾离子交换后的 Y 型沸石作催化剂，*N*– 甲基苯胺的选择性为 93.5%，苯胺的转化率达 99.6%。对于 *N*– 甲基脂肪胺，碱金属离子交换的分子筛 NaY 是脂肪胺甲基化的良好催化剂。但反应过程中所生成的 CO_2 会导致氨基甲酸酯的生成，若在反应的同时除去 CO_2，*N*– 甲基脂肪胺的产率可达到 70% ~ 90%。

苯甲醚是重要的农药、医药中间体，还可以作食用油、油脂等工业的抗氧化剂、塑料加工稳定剂、食用香料等。用 DMC 替代原生产工艺中的 DMS 与苯酚反应制取苯甲醚，不仅工艺简单、毒性小、生产安全，还可省去对副产物硫酸氢甲酯的处理。用于此反应的催化剂，如 NaX 沸石、TBAB（溴化四丁基胺）、气固相转移催化剂等，均可提高苯甲醚的选择性。

DMC 除在化工生产中的应用之外，在其他领域中的应用及研究也较多。自从锂离子电池被日本索尼公司率先研制成功以来，便迅速在电动汽车、便携式电子设备、空间技术、国防工业等领域展现了其良好的应用前景和潜在的经济效益。研究电解液和锂或锂碳电极相容性中发现，碳酸酯类有机溶剂优于醚类。链状碳酸二甲酯（DMC）具有较低的黏度（0.59Pa · s），在 DMC 中金属锂表面的固体电解质界面膜（SEI）主要成分为 CH_3OCO_2Li 和 Li_2CO_3 及痕量的 CH_3OLi。锂电极在 DMC 基电解液中具有较好的循环效率。另外，单一溶剂 DMC 基电解液与碳负极的相容性较差，加入共溶剂碳酸乙烯酯（EC）形成二元混合溶剂则与碳负极具有较好的相容性，并且在 –20 ~ 60℃范围内 EC/DMC 基电解液表现出较高的电导率。

汽车动力柴油机排放的有害物质主要是氮氧化物（NO_x）和碳烟粒子，其净化方法往往相互抵触，此消彼长。因此，如何同时降低柴油机的 NO_x 和碳烟粒子的排放一直是发动机研究中有待解决的问题。白富强等研究了 DMC 作为含氧燃料添加剂对柴油机排烟度和性能的影响。结果表明，在发动机燃油和燃料系统不变的条件下，随 DMC 在柴油中添加比例的增加，排气烟度逐步下降，热效率提高。当 DMC 添加比例在 10% ~ 15% 时，烟度降低 40% ~ 50%，热效率提高了 6.9%，发动机功率基本不变。另外，添加 DMC 并采用废气再循环系统（EGR）可同时降低碳烟和 NO_x。柴油中添加 15%DMC，并采用 EGR，与原机比较，烟度降低了 35%，NO_x 排放降低了 33%。并且，混合燃料的放热规律与纯柴油相比差异不大，但预混燃烧量增加，扩散燃烧速率加快，导致发动机最高燃烧压力、温度和压力升高率偏高。

另外，DMC 具有优良的溶解性能，它不但能与醇、酮等有机溶剂混合，还可作为低毒溶剂用于涂料溶剂和医药行业用的溶媒，以及石油成分的脱沥青、脱金属溶剂；DMC 与水也有一定的互溶度，既无毒性，也易分离；DMC 还可代替氟氯烃，三氯乙烷作清洗剂；DMC 还可作为类似 MTBE（甲基叔丁基醚）的汽油添加剂，以提高汽油的辛烷值并抑制 CO 和烷类的排放。此外，以 DMC 和正已烷组成的混合溶剂作萃取剂处理含酚废水的新工艺也已取得成效。DMC 的性能表明其有望在未来可全面取代某些高污染剧毒化学品，而成为广泛使用的化工原料。

（二）双（三氯甲基）碳酸酯

以双（三氯甲基）碳酸酯替代光气、氯化亚砜、三氯化磷、五氯化磷、无机氰化物等剧毒原料合成氯代化合物、异氰酸酯、羧酰氯、氯甲酰胺等系列产品，从工艺源头上消除了环保和安全隐患，具有经济性高、生产安全、产品质量优、基本无“三废”等优点。与国内外同类技术对比，该技术处于国际先进水平。该技术实现了对以光气、三氯化磷、五氯化磷、无机氰化物等剧毒原料合成药物及中间体的传统工艺进行绿色化学技术改造，通过绿色合成技术集成，对反应体系进行绿色设计和开发，建立生态产业链，减少资源消耗，生成的主要副产物氯化氢通过串联的降膜吸收塔吸收制成高质量的工业盐酸，提高了氯的经济性。

四、新型能源的原料

二氧化碳作为一种可再生资源，来源于大量化石燃料的燃烧。由于二氧化碳价廉易得，采用二氧化碳加氢合成甲醇、甲酸是一条很有意义的有机合成路线。在超临界二氧化碳流体中，二氧化碳能与氢气互溶，使二氧化碳生成甲酸的反应效率提高。二氧化碳加氢合成有机物的研究与碳资源的有效利用对环境保护具有重要的意义。二氧化碳作原料采用类似的方法也可用来制备二甲基甲酰胺和甲酸甲酯。

总之，将反应原料改为绿色原料，首先要注意原料可能带来的负面影响或是否符合绿色化学的要求，即是否有毒有害，是否为低能原料，是否为可再生原料。其次，要注意可再生资源的利用，优先以废物为重点。将可回收材料和可再生资源作为原材料。

第二节　绿色催化剂应用及发展

催化在现代化工中占有极其重要的地位，在化学工业中，催化过程占全部化学过程的 85% 以上，催化剂的引入不仅可以增强反应的选择性，同时还可以降低反应过程所需活化能，可以实现常规方法不能进行的反应。没有现代催化科学的发展和催化剂的广泛应用，就没有现代的化学工业。然而传统的工业催化反应往往过于注重生产的实效性和经济性，而忽略了环境效益和生态效应，普遍存在催化效率低、反应条件苛刻、操作复杂和环境污染严重等问题，例如在合成化学中有许多反应（酯化、水解、异构化、酰基化和烷基化等）都是在氢氟酸、硫酸、磷酸和三氯化铝等液体酸催化作用下进行的，这些催化剂的共同缺点是对设备腐蚀严重、危害人体健康、产生废渣、废液及污染环境等，针对这些问题。为解决这些问题，目前国内外已从分子筛、杂多酸、固体超强酸等新催化材料中大力开发新型绿色催化剂。例如，传统芳香族硝化反应方法是采用浓硝酸和浓硫酸做催化剂，产生大量废酸需要处理，而布拉道克等人采用一种催化剂来完成该反应，该催化剂可视为 Lewis 酸，在水中稳定，用量少，且可以回收循环使用，使得硝化过程无多余产物产生。还有利用傅克酰化反应合成药物中间体对氯二苯甲酮，用无毒的异相催化 EPZG（固体酸）代替传统的 AlC，催化剂用量减少为原来的 1/10，多余产物 HCl 的排放量也减少 3/4，而产率达 70%，并且只产生极少量的邻位产物。

与此同时，我国在绿色催化剂的研究中也取得了很大的进展。例如王剑波等研发的高空间选择性的立体选择催化剂，程津培等的手性 Michael 加成反应，丁奎岭等的自担载手性催化剂多相化技术等，在国际都处于领先地位。另外，随着生物技术的发展，生物催化剂在精细化学品的制备中也具有极其重要的应用。例如采用酶催化技术合成 *L*– 酪氨酸、衣康酸、果葡糖浆等；再如邻苯二酚的生产，采用大肠埃希氏菌作催化剂，使葡萄糖活化，定向地转化为邻苯二酚，这一方法的优势在于其产率比原来的氧化工艺高，并且避免了有害原料的使用和副产品的产生。

传统的催化反应不能满足现代化工对原子经济性和绿色化学的要求，而实现此目标的关键是开发高效和环境友好的催化剂新材料。绿色催化剂除了控制（加快或是减慢）化学反应的速度，还需确保不能污染环境或是对人体有害。

一、固体碱催化剂

固体碱作为催化剂具有活性高、选择性高、反应条件好、产品易于分离、可回收等优点，特别是在精细化学品的合成中，能使反应过程连续进行，提高设备的生产能力，发挥作用，并有望成为新一代环保催化材料。然而，固体催化剂的研究起步较晚，发展缓慢。其主要原因是固体碱的制备，特别是超强固碱催化剂，具有制备过程复杂、成本昂贵、强度差，容易受到大气中二氧化碳等杂质的污染，比表面积相对较小的问题。因此，全球都处于积极研究和发展阶段。自 20 世纪 50 年代固体碱催化剂受到人们的关注以来，各种固体碱催化剂得到了发展。根据载体和活性中心的性质，固体碱大致可分为有机固体碱、有机—无机复合固体碱和无机固体碱。其中，无机固体碱又可分为金属氧化物类型和负载类型。

固体碱催化剂在有机合成反应中的应用有：异构化反应、氧化反应、氨化反应、氢化反应、C—C 键合成反应、Si—C 键合成反应、P—C 键合成反应、环化反应。例如，1– 丁烯异构化生成 2– 丁烯的反应、不饱和烯烃的环氧化反应、伯胺和仲胺与双烯的加成反应、醇醛缩合反应等。

二、超强酸催化剂

在酸碱催化作用的领域中，超强酸酸强度高，使许多难以进行的化学反应在很温和的条件下进行，成为催化领域研究的热点，如它能在较低的温度下使烷烃活化形成稳定的正碳离子中间体。超强酸催化剂一般有液体和固体两种形式，分别称做液体超强酸和固体超强酸。

最早应用于酸催化剂的液体超强酸大多含有卤素（尤其是氟），催化剂与生成物混杂不宜分离，成本较高，对设备腐蚀性强，不能回收重复使用，易对环境造成污染，常带来许多棘手的废物处理等问题。针对这些问题，研究人员开始致力于固体超强酸的研究。固体超强酸是指比 100% 硫酸的酸强度还强的固体酸，酸性可达 100% 硫酸的 1 万倍以上。固体超强酸由负载物（或称促进剂）和载体两部分组成。

早期固体超强酸的负载物主要是含有卤素的化合物。尽管这类催化剂对各类化学反应都有较好的催化活性，但在反应过程中有卤素析出，对反应装置腐蚀严重，污染环境。因此，随着全球对环境保护的日益重视，研究人员提出了开发和研究不污染环境、对生产设备无腐蚀的新一代固体超强酸催化剂。自从日本科学家日野等人首次合成出 SO_4^{2-}/Fe_2O_3 固体超强酸以来，研究人员便对固体超强酸进行了大量研究，并合成了一系列无卤素型 SO_4^{2-}/M_xO_y 固体超强酸体系催化剂。

固体超强酸催化剂主要用于石油炼制和有机合成工业。其优点是反应物和催化剂易于分离，催化剂可重复使用，反应器无腐蚀性，催化剂选择性高，反应条件温和，原料利用率高，产生的废物、废气和废水数量少。

随着固体超强酸研究的不断深入，催化剂类型已从液体超强酸发展为无卤固体超强酸、单组分固体超强酸和多组分复合固体超强酸。在催化剂的制备、理论探索、结构表征和工业应用等方面都有新的发现。固体超强酸以其独特的优势和广阔的工业应用前景受到国内外学者的广泛关注，已成为固体酸催化剂研究的热点。

固体超强酸催化剂在有机化工领域目前的研究重点是 SO_4^{2-}/M_xO_y 型固体超强酸的合成技术和应用技术。SO_4^{2-}/M_xO_y 型固体超强酸，由于本身具有许多优点和高催化活性，已被广泛用于有机合成反应中，如氢化异构化、烷基化、酰基化、酯化、聚合、甲醇转化、氧化等反应，并显示出很高的催化活性。

东北师范大学和中国科学院系统地研究了 WO_3/ZrO_2 和 MoO_3/ZrO_2 类催化剂在异丁烷—丁烯烷基化反应中的催化性能，并发现其具有较好的初活性和选择性。通过采用反胶束微反应器方法制备纳米固体酸催化剂，具有粒度小、酸量大、酸强度分布相对集中，各微粒往往形成各自独立的单元，可以提高烷基化反应的选择性，延长催化剂寿命的特点。

以Ⅳ B ~ Ⅵ B 元素的氧化物和分子筛中的一种或多种的组合作为载体，或以Ⅳ B ~ Ⅵ B 元素的氧化物和分子筛中的一种或多种的组合与Ⅰ B、Ⅱ B、Ⅶ B、Ⅷ B 和稀土元素的氧化物中的一种或多种的组合所构成的复合物作为载体，并以无机强酸或其盐溶液对载体进行浸渍负载和干燥焙烧制备而成一类固体酸催化剂。采用该类催化剂，在常压釜式反应器中，由乙醛酸和尿素经一步反应可合成出尿囊素产品。该催化剂具有活性和稳定性高、可回收循环使用、不腐蚀设备和不污染环境等优点。尿囊素合成反应过程具有工艺简单、催化剂用量少、反应时间短、尿囊素收率高等优点。

目前已知的最强固体超强酸是全氟磺酸树脂（Nafion-H），是带磺酸基的全氟碳聚合物，最早在20世纪60年代由美国杜邦公司开发，具有耐热性能好、化学稳定性和机械强度高等特点。一般是将带有磺酸基的全氟乙烯基单体与四氟乙烯进行共聚得到全氟磺酸树脂。由于Nafion-H分子中引入电负性最大的氟原子，产生强大的场效应和诱导效应，从而使其酸性剧增。与液体超强酸相比，Nafion-H用作催化剂时，具有易于分离，可反复使用，并且腐蚀性小，对环境影响小，选择性好，容易应用于工业化生产的特点。

全氟磺酸树脂在有机合成中主要应用于醇脱水合成醛的反应、酯化反应、烷基化反应、异构化及取代基转移反应、酰基化反应、狄尔斯—阿尔德反应、羟醛缩合反应、烯烃聚合反应、缩醛和缩酮反应、重排反应、开环及闭环反应。

固体超强酸的改性研究成为固体超强酸催化剂未来研究和开发的主要方向之一。研究主要集中在两个方面：一方面是促进剂的改性的研究。主要集中于研究无卤素单组分固体超强酸催化剂的制备与应用，合成了各种含SO_4^{2-}负载物的催化剂，极大地丰富了催化反应与应用领域；另一方面是对载体的改性研究。通过改性催化剂的载体使催化剂能提供合适的比表面积、增加酸中心密度、酸种类型、增加抗毒物能力、提高机械强度等作用。通过对固体超强酸的进一步改性，可以增加催化剂的比表面积，改善催化剂的催化活性、稳定性、寿命等性能。目前改性研究的方向主要有：以金属氧化物ZrO_2、TiO_2和Fe_2O_3为母体，加入其他金属或氧化物形成多组元固体超强酸；引入稀土元素改性；引入特定的分子筛及纳米级金属氧化物等。

目前，固体超强酸的理论和应用研究还需要做大量的工作。在基础理论研究中，要充分利用各种技术手段，明确超强酸的生成机理和催化活性规律，从理论上指导各种高性能固体超强酸催化剂的合成和制备，并加以应用。固体超强酸是一种具有特殊催化性能的新型催化剂，具有广阔工业应用前景，广泛应用于有机合成、精细化工、石油化工等行业，它已成为一种新型的固体催化材料，越来越受到人们的重视。

与传统的催化剂相比，固体超强酸具有明显的优势，有望在不久的将来可以用来替代液体酸。但是，固体超强酸仍处于开发和研究阶段，面临一些挑战，如：使用过程中活性会逐渐下降，使用寿命达不到工业生产中长期使用的要求；催化剂为细粉，流体流经催化剂的阻力大，无法满足工业连续生产的要求。因此，未来固体超强酸催化剂研究的主要方向之一，应着重于工业化的关键问题，如制备活性高、选择性好、成本低的催化剂，解决工业分离、重油催化等问题以及固体催化剂的再利用和再生。因此，加强固体超强酸制备新技术和前沿学科的引进，如微波技术制备催化剂和载体改性、固体超强酸催化反应、超细纳米催化剂的制备等。为了进一步改进固体超强酸的制备方法，相关人员研究了表面酸与制备方法、促进剂和载体的关系，以及酸分布与制备方法和催化活性的关系。加强固体酸催化剂失活机理和再生方法的研究，为工业化提供必要条件。

固体超强酸作为寻找新型绿色环保催化剂的热点领域的研究与应用，对推动化工向绿色环保方向发展具有重要意义，已成为当前我国化工界研究的热点之一。

三、分子筛催化剂

分子筛催化剂又称沸石分子筛催化剂，指以分子筛为催化剂活性组分或主要活性组分之一的催化剂。分子筛具有离子交换性能、均一的分子大小的孔道、酸催化活性，并有良好的热稳定性和水热稳定性，可制成对许多反应有高活性、高选择性的催化剂。

传统工艺用硫酸或氢氟酸作为催化剂制备十二烷基苯，存在严重的设备腐蚀和环境污染问题。清华大学与中国石油化工股份有限公司石油化工科学研究院合作开发了以固体酸分子筛 TH-06 为催化剂的液固循环流化床连续反应及再生工艺。该工艺实现了十二烯转化率 99.9%，烷基苯选择性 100%，并消除了设备腐蚀和环境污染问题。

由乙烯合成乙苯的传统方法是以 $AlCl_3$ 为催化剂。中国石油化工股份有限公司石油化工科学研究院研制的 AEB 分子筛催化剂兼具烷基化与烷基交换功能，性能达到国外同类催化剂水平，催化剂再生后使用时间可达一年以上。大连理工大学研制了抗硫分子筛催化剂，发现纳米级的催化剂颗粒比微米级的颗粒在抗积碳等方面具有明显优势；并具有更高的活性和稳定性。优尼科工艺使用超稳定 Y 型沸石催化剂通过液相法分子筛合成乙苯，具有良好的烃化和烷基转移能力，催化剂的再生周期可达一年甚至更长。

异丙苯的传统工业生产方法包括美国环球油品公司（UOP）的固体磷酸气相烃化法（SPA 法）和孟山都 / 鲁姆斯公司的改进 $AlCl_3$ 液相烃化法。SPA 法存在选择性低、产品杂质多、不能通过反烃化提高异丙苯收率等缺点；$AlCl_3$ 液相烃化法存在强腐蚀、高污染及操作困难等严重缺点，目前已趋淘汰。分子筛液相烃化合成异丙苯是近几年来世界各大公司竞相开发的一项先进的、对环境不产生污染的、新的清洁工艺。该工艺中催化剂活性及选择性高，产品质量好，无污染，无腐蚀，副产多异丙苯可经反烃化转变为异丙苯，使异丙苯收率高达 99% 以上。气相法生产乙苯工艺采用专用的沸石催化剂（MCM-22）具有很高的选择性。该工艺具有反应器结构简单、产品纯度高、原料灵活性好、无污染操作与投资费用低的优点。新工艺的产品纯度可达 99.95%，杂质含量仅为 5×10^{-6}（传统方法为 $5 \times 10^{-5} \sim 5 \times 10^{-4}$），可用于现有的固体磷酸工艺和 $AlCl_3$ 工艺的改造。Dow/Kellogg 工艺采用牌号为 3DDM 的脱铝丝光沸石作为催化剂，该催化剂活性高，丙烯转化率为 100%，异丙苯产品中正丙苯的含量小于 0.01%。

大连工业大学进行了大孔分子筛催化苯和丙烯烷基化反应。在液相条件下，丙烯转化率为 99%，烷基化选择性为 99%，异丙苯选择性为 93%，催化剂连续运行 1000h 不失活。M-92 分子筛催化剂是由上海石油化工研究院研制开发的，丙烯转化率为 100%，丙烯选择性为 99.5%，在实验室进行了 2000 小时不失活。北京燕山石油化工有限公司与北京服装公司研究所合作，在 2000 吨 / 年的装置上进行了分子筛催化合成异丙苯的中试，包括加氢和抗加氢过程。丙烯转化率接近 100%，异丙苯选择性大于 90%，催化剂再生周期为一年。

四、杂多酸催化剂

杂多酸（Heteropoly Acid，HPA）是由杂原子（如 P、Si、Fe、Co 等）和多原子（如 Mo、W、V、Nb、Ta 等）按一定的结构通过氧原子配位桥联组成的一类含氧多酸，具有很高的催化活性，既具有酸性，又具有氧化还原性，是一种多功能的新型催化剂。杂多酸稳定性好，可用于均相及非均相反应，也可用作相转移催化剂，且对环境无污染，是一类前景广阔的绿色催化剂。它可以用于芳烃烷基化和脱烷基反应、酯化反应、脱水 / 化合反应、氧化还原反应以及开环、缩合、加成和酯化反应等。

精细化学品一般相对分子质量大、官能团多、易受热分解，因此须在低温下合成。由于分子筛催化剂孔道尺寸小、活性相对较低，其在精细化学品合成中的应用很受限制。而杂多酸催化剂由于具有低温高活性、高选择性及多功能性等优点，在精细化学品合成中应用广泛。从 20 世纪 70 年代日本采用杂多酸催化剂在丙烯水合生产中实现工业化以来，HPA 作为环境友好的催化剂在有机合成和石油化工中得到了广泛关注。迄今为止，杂多酸催化实现工业化的过程已有 8 种，即丙烯水合、正丁烯水合、异丁烯水合、糖苷的合成、高分子聚合、甲基丙烯醛氧化成甲基丙烯酸、双酚 A 的合成、双酚 S 的合成。

1. HPA 酸催化烷基化

HPA 酸催化烷基化反应主要有：在 $H_3PW_{12}O_{40}$ 催化下的苯与辛烯的烷基化反应、在 $CS_{2.5}H_{0.5}PW_{12}O_{40}$ 催化下的 1，3，5- 三甲基苯和环己烯的烷基化反应以及苯、取代苯、苯酚与长链烯烃的烷基化反应。通过芳烃与氯化苄、苯甲醇等烷基化，可得到多种农药、医药、香料及生物活性物等中间体。

2. HPA 酸催化氧化

杂多酸既可作为酸催化剂，也可作氧化还原催化剂。目前，已开展较多有关其作为氧化还原催化剂在精细化学品合成中的应用方面的研究。马克西姆等采用具有 Keggin 结构的磷铝钼杂多酸 HPA 和对应的酸式盐催化氧化 2- 甲基 -1- 萘酚，得到了维生素 K。姜课题组采用杂多酸催化选择氧化丙烷得到了丙烯酸和丙烯醛，丙烷最大转化率为 38%。古田等人采用 Pd-SiW_{12} 催化剂催化乙烯，一步合成了乙酸乙酯，催化剂表现出良好的双功能性，合成路线大大简化。

3. HPA 酸催化酯化

由于杂多酸可以形成“假液相”的均相反应体系，而且在非水介质中具有一定的酸度，因而可以作为酯化反应的催化剂，如乙酸和异戊醇反应生成乙酸异戊酯、乙酸与 1- 丁烯反应生成乙酸仲丁酯。另外，还有丙烯酸与丁醇的反应、乙酸与 1- 己烯的反应、对硝基甲苯甲酸乙酯的合成、邻苯二甲酸二异辛酯的合成等。作为环境友好的低温高活性催化剂，负载型杂多酸对酯化反应表现出高活性、高选择性，具有可重复利用，工艺简单，易于连续化生产，制得产品纯度高等优点，从而具有较大的工业化前景。

4. HPA 酸催化硝化

芳烃硝化被广泛应用在燃料、医药、农药等精细化学品合成。杂多酸以其强酸性、性能易于调变等优点而备受关注。杂多酸及其盐在苯的气相硝化中显示出良好的催化活性。

5. HPA 酸催化缩合

在 HPA 催化下，丙酮缩合得到异亚丙基丙酮，丙酮与苯酚缩合得到双酚 A，苯酚与浓硫酸在 HPA-6 催化下合成双酚。科泽夫尼科夫等采用 PW_{12} 和 SiW_{12} 催化 2，3，5- 三甲基对苯二酚与异植醇发生缩合得到 α - 生育酚，再经乙酰化得到维生素 E，产率达 90%。二苯基甲烷（DPM）是香料化学材料和药物中间体，胡长文等人采用 PW_{12} 催化合成了 DPM，产率 35.3%。张敏采用了活性高，可重复利用的 SiW_{12}/C 催化合成了一种重要的香料—环己酮缩乙二醇。

随着人类环保意识的提高，环境友好的 HPA 催化剂的研究和应用日益增多，将在精细化学品合成中的得到广泛应用。

目前，我国麦芽糖醇主要依赖进口。国外主要采用拉尼镍催化剂对麦芽糖加氢来生产麦芽糖醇。但反应需在较高温度和压力下进行，易产生副产物甚至碳化。拉尼镍催化剂在使用过程中存在易粉碎、易堵塞反应器的问题，而且污染严重。相比之下，RU–B 催化剂对麦芽糖加氢反应的催化活性明显高于拉尼镍催化剂，且不产生副产物，可多次重复使用。

目前，一般采用化学还原法制备非晶态合金催化剂，其缺点是催化剂颗粒容易团聚，不利于提高催化剂的活性和选择性。化学负载法制备的非晶态合金催化剂具有制备工艺简单，催化剂比表面积大等特点，有望在工业催化领域获得应用。超声化学是新兴的交叉学科，在有机合成、聚合物科学、环境科学和催化材料制备等领域应用广泛。超声波应用于非晶态合金催化剂的制备，很多情况下能显著提高催化剂的活性。非晶态合金催化剂具有优良的活性和选择性，同时还具有环境友好的特点，成为 21 世纪最具发展前景的新型催化剂。

五、水溶性均相络合催化剂

均相络合催化剂具有反应条件温和、活性高、选择性好等优点。然而，这类催化剂在有机溶剂中是可溶的，且在高温蒸汽下很容易失活。由于大多数催化剂都是价格昂贵的贵金属，因此其应用受到限制。水溶性复合催化剂的出现，使催化剂和产品分为两个相，易于分离，避免了高温蒸汽贮存引起的催化剂失活，以水为溶剂既安全又经济，避免了有机物的污染。因此，以水溶性有机金属配合物为催化剂的两相催化体系已成为绿色环保化学发展的重要方向。

手性离子型、非离子型和表面活性剂型双膦配体及其金属配合物等新型水溶性配体的合成，极大地丰富了现有水溶性催化剂的种类，拓宽了两相体系的应用领域。水溶性有机金属络合催化已成为均相催化中最活跃、最独立的领域之一。

六、酶催化剂

酶是一类由生物细胞产生并具有催化活性的特殊蛋白质，具有专一性强（包括区域选择性和立体选择性），催化效率高，适宜在常温、常压条件下操作等优点。因此酶有着化学催化剂无可比拟的优越性，在起临界 CO_2($SC-CO_2$) 中，用酶作催化剂进行催化氧化、酯化、酯交换等反应，选择性和转化率都很高，已经广泛应用于食品工业、药物工业和洗涤剂工业。

超临界流体中酶催化反应的研究取得显著成果，其中一个重要的应用是醇解鱼肝油制备不饱和脂肪酸。此外，利用酶高效性和立体选择性合成和制备手性化合物是超临界流体中酶催化的新应用。

另外，酶在生物质的降解中起着关键的作用。植物资源的利用需要将组成植物体的淀粉、纤维素、半纤维素、木质素等大分子物质转化为葡萄糖等低分子物质，以便作为燃料和有机化工原料使用。目前的研究方法包括物理法、化学法和生物转化法。物理和化学方法一般能耗高、产率低且过程污染较严重，因此单独使用一般缺乏实用性，往往是作为生物转化法的辅助手段。生物转化法是将生物质降解为葡萄糖，然后转化为各种其他化学物质。在各种转化过程中酶都起关键作用，为可再生物质资源的利用提供保障。

七、仿生催化剂

仿生催化剂是指人类模仿天然的生物催化剂的结构、作用特点而设计、合成出来的一类催化剂，和天然生物催化剂具有相似的性能特点，但比天然生物催化剂稳定性好，能在较为恶劣的条件下工作，而且可以大规模制备，是催化剂研究领域的一个重要的发展方向。

仿生催化氧化技术如同自然界中的酶促进生物质的代谢一样，通过模拟生物体内的化学反应过程，开发出一种类似于生物酶的催化系统，实现了烃类化合物在温和条件下的氧化，提高了生物量的利用率。通过研究烃类氧化过程的效率和选择性，为有效解决烃类选择性氧化潜在的安全隐患和环境污染，实现节能减排和环境保护提供思路。

与天然生物催化剂相比，仿生催化剂具有成本低、性能稳定、易于保存等优点，同时大大降低了催化剂的生产成本。仿生催化技术是生物催化与化学催化的交叉产物，克服了传统技术高温高压、选择性差、催化效率低、环境不友好等缺点。这一技术引起了国际学术界和商界的关注。

仿生催化技术作为一种典型的绿色化工技术，在绿色合成和清洁生产中的应用，对化学工业的可持续发展具有重要意义。

八、纳米材料催化剂

纳米材料催化剂具有独特的晶体结构及表面特性（表面键态与内部不同，表面原子配位不全等），因而，其催化活性和选择性都优于常规催化剂，甚至使原来不能进行的反应也能完全进行。研究表明，纳米催化材料对催化氧化、还原、裂解反应都具有很高的活性和选择性；对光解水制氢及一些有机合成反应也具有明显的光催化活性。

纳米 TiO_2 所具有的光催化氧化活性，在降解水体和空气中的有机污染物时表现出明显效果。

另外，工业生产中使用、以及作为汽车燃料的汽油、柴油等，由于含有硫的化合物，在燃烧时会产生 SO_2 气体。纳米钛酸钴（$CoTiO_3$）是一种非常好的石油脱硫催化剂。以 55 ~ 70nm 为半径的钛酸钴作为催化活体多孔硅胶或 Al_2O_3 陶瓷作为载体的催化剂，其催化效率极高，经其催化的石油中硫的含量小于 0.01%，达到国际标准。工业生产中使用的煤燃烧也会产生 SO_2 气体，如果在燃烧的同时加入一种纳米级助烧催化剂，不仅可以使煤充分燃烧，提高能源利用率，而且会使硫转化成固体的硫化物，而不产生二氧化硫气体，从而减少有害气体的产生。

国际上已将纳米材料作为第四代催化剂进行研究与开发。纳米材料催化剂在环保领域的应用还有以下几个方面。例如，纤维、化妆品、陶瓷、玻璃、建材和环境工程等工业。

第三节　绿色分析化学技术应用及发展

绿色分析化学是把绿色化学原理应用在新的分析方法和技术设计方面，旨在减少分析化学对环境的影响。在绿色化学概念的基础上提出“绿色分析化学”概念，并认为“绿色分析化学”需要关注和遵循以下原则：

①在分析过程避免（大幅度减少）使用化学试剂，尤其是有机溶剂。

②在分析实验室中，要减少气体、液体和固体废物的产生。

③在分析过程中，避免使用剧毒（包括生态毒性）的试剂（最好用其他试剂取代苯）。

④降低每个样品分析所需的人力和能耗。

结合实际分析工作，积极发展无污染或少污染的绿色的分析方法和分析技术，是未来分析化学的发展方向。下面对绿色分析化学技术的应用及发展进行介绍。

一、绿色的样品处理技术

（一）微波消解和微波萃取

自从 1975 年阿布萨姆拉采用微波湿法消解生物样品以来，微波在样品消解中得到了广泛的应用和研究。微波消解法因其具有消耗的样品和试剂量都较少、高效省时、能耗低、污染少的特点，而成为一种相对比较绿色的样品处理技术，并广泛应用于原子光谱分析的样品前处理等。

微波消解法测定生物样品中的氮含量，只需 2 ~ 4min 即可取得与凯氏定氮法相同的结果。韦厚朵等人用微波消解法测定磷矿石中酸不溶样品消解时间仅为 15min；刘龙波等用微波消解法测定气溶胶样品 ICP-AES；黄河柳用微波消解 AAS 法测定催化剂中 Cu、Fe、Ni 含量，消解时间仅为 10min；还有微波消解防污漆 AAS 法测定 Cu、Zn，微波消解石油添加剂测定 Ca、Mg 等，分析结果的准确度和精密度都较高。

另外，珀金埃尔默公司生产的微波消解测汞仪，将自动进样器、流动注射技术及聚焦式微波加热消解计算机控制与测汞仪连成一体，实现了汞的全自动测定。与传统的索式提取相比，微波萃取具有适用范围广、设备简单、萃取效率高、质量稳定、选择性高、节省时间、试剂用量少、污染小等优点。目前微波萃取主要用于土壤、沉积物和水等环境样品的分析，萃取对象多为酚类、多环芳烃（PAHs）、残留农药及有机金属化合物（如有机锡和甲基汞等）。奥努斯卡等人曾用微波萃取测定了水中的多氯联苯，洛佩斯、阿维拉等人用微波萃取测定了土壤中的微量有机农药等。

（二）浊点萃取

浊点萃取是利用表面活性剂代替有机溶剂、通过表面活性剂温度的改变以及盐析作用对样品进行分离富集的一种新型液相萃取技术。该技术避免了大量有机溶剂的使用，对环境友好、绿色、安全，且富集效率高。严秀平课题组采用浊点萃取富集铜离子和钴离子，然后通过毛细管电泳分离、检测，提高了检出能力。胡斌课题组利用在线浊点萃取与电热蒸发 ICP-AES 结合对环境和生物样品中的无机铬进行了形态分析。曾楚杰课题组采用置换浊点萃取与原子吸收联用的方法，对复杂基体中的银和铜进行测定，取得了满意的结果。

（三）单滴微萃取

单滴（液滴）微萃取技术是 20 世纪 90 年代中后期由传统的液—液萃取衍生而发展起来的。其优点在于消耗的有机试剂少，简单、快速、富集效率高，对环境友好。根据萃取方式的不同，单滴（液滴）微萃取分为浸入式单液滴微萃取、顶空单液滴微萃取以及三相单液滴微萃取。胡斌课题组采用单滴微萃取结合低温电热蒸发等离子体质谱测定了生物样品中的 Be、Co、Pd 和 Cd。

（四）中空纤维膜萃取

中空纤维膜萃取是在中空纤维的表面镀一层有机液膜，在中空纤维的内腔注入提取液，然后置于样品溶液中提取，提取后再用微量注射器把提取液抽出用于测定。与单滴微萃取相比，中空纤维膜萃取更稳定，有机溶剂不容易丢失，富集效率更高。中空纤维膜萃取主要用于有机物的富集。刘景富等人采用中空纤维膜富集和高效液相色谱分离测定了水样中的一些酚类化合物。

（五）离子液体萃取

离子液体萃取属于液—液萃取，离子液体是一种非常绿色的萃取试剂，取代挥发性的有机溶剂，对环境造成的污染大幅减少。目前离子液体已经应用于分散液—液微萃取、单液滴微萃取、中空纤维膜液相微萃取等多种萃取技术，实现了萃取技术的绿色化。刘景富等人采用离子液体单液滴微萃取多环芳烷化合物。

（六）固相萃取（SPE）和固相微萃取（SPME）

20 世纪 80 年代，我国在一些环境水样分析中已广泛采用固相萃取技术，分析项目有残留农药、苯酚、苯胺和 PAHs 等。固相萃取减少了大量有机溶剂的使用，提高了萃取效率，便于实现自动化操作，是一种相对绿色的萃取技术。

李方石等人利用固相萃取—高效液相色谱法（HPLC）同时测定水中 16 种苯胺除草剂，通过 Cl_8 柱固相萃取实现了 1000 倍的富集，在优化条件下，各成分的添加回收率高于 87.8%；杨秋红等人采用固相萃取及高效液相色谱—串联质谱技术，建立了地表水中痕量联苯胺的测定方法；张蕾萍等人建立检验全血中扎来普隆及其代谢物的固相萃取 / 气相色谱检测方法；梅文泉等人选择石墨炭黑固相萃取小柱对茶叶样品进行净化，样品中残留的农药经过乙醇洗脱、浓缩后采用气相色谱火焰光度检测器（FPD）测定；吕凤兰等人建立了固相萃取—超高效液相色谱—电喷雾串联三重四级杆质谱（SPE-UPLC-ESI-MS/MS）联用技术分析印染废水中 9 种致敏性分散染料的方法；蔡亚岐等人将多壁碳纳米管引入固相萃取技术中，用于吸附三种苯酚化合物或几种钛酸酯物质，多壁碳纳米管对分析物有更好的吸附和解吸附效率，是一种非常有前景的固相萃取吸附剂。采用先进的功能材料作为固相萃取的吸附剂，为固相萃取技术拓宽了新的思路。

固相微萃取技术是 20 世纪 80 年代末发展起来的一种集萃取、浓缩、解吸于一体的新型绿色萃取技术。该技术具有简便、快速、不使用或使用极少量有机溶剂、灵敏、价廉等优点。

固相微萃取技术主要用于测定环境样品中易挥发的有机物。被分析的环境污染物包括杀虫剂、苯酚、取代苯、多氯联苯（PCBs）、脂肪酸和少量无机物。贾金平等人用固相微萃取技术对水中苯、甲苯、乙苯、邻二甲苯、对二甲苯、间甲基乙苯等进行样品前处理，灵敏度优于 CS_2 萃取法和直接进样法；杨敏等人对固相微萃取与气相色谱联用技术在生物材料检测中的应用进行了总结概括；魏黎明等人采用固相微萃取与气相色谱联用技术，对塑料制品、保鲜薄膜、牛奶包装袋中的痕量挥发性有机物异丙醇、乙酸乙酯、丁酮、甲苯进行定量测定；曹雁平等人利用固相微萃取与气相色谱质谱联用技术分析风干辣椒和焙烤辣椒油树脂挥发性成分；严秀平课题组采用氨氟酸刻蚀不锈钢丝，直接将其用于固相微萃取，实现对一些多环芳烃化合物的选择性萃取，该固相微萃取材料易于制备，耐高温，稳定性好，使用寿命长。此外，该课题组还在不锈钢表面上原位生长了一层金属有机框架物，用于固相微萃取中，对一些气态的苯类化合物进行选择性吸附，验证了金属有机框架物是一种非常优秀的固相微萃取剂。

（七）超临界流体萃取（SFE）

超临界流体能快速萃取固体样品中的有机物，表现出卓越的萃取性能。目前在SFE技术中使用最普遍的溶剂是CO_2（临界温度为31.3℃，临界压力为7.38MPa）。

CO_2超临界萃取技术广泛应用于食品、化工和生物工程方面。目前已经可以用超临界CO_2从葵花籽、红花籽、花生、小麦胚芽、可可豆中提取油脂，比传统的压榨法的回收率高，而且不存在溶剂法中溶剂分离问题。另外，用SFE法实现了从银杏叶中提取银杏黄酮；从鱼的内脏、骨头中提取多烯不饱和脂肪酸（DHA和EPA）；从沙棘籽中提取沙棘油；从蛋黄中提取卵磷脂；从桂花、茉莉花、菊花、梅花、米兰花、玫瑰花中提取花香精；从胡椒、肉桂、薄荷中提取香辛料；从芹菜籽、生姜、茴香、砂仁、八角、孜然等原料中提取精油；从茶叶中提取茶多酚等。

美国最近成功研制用超临界二氧化碳既作反应剂又作萃取剂的新型乙酸制造工艺。俄罗斯、德国还把超临界二氧化碳技术用于油料脱沥青技术。

SFE技术耗时短（30 ~ 60min）、污染小、选择性好、易与其他分析技术联用、可实现自动化分析，是一种对环境友好的样品前处理技术。SFE技术主要应用于药物和环境样品的分析。邱涤非等人采用了超临界流体CO_2萃取和气质联用，测定了3种中国茶叶中咖啡因的含量，平均回收率为98.1%；高连存等人研究了超临界流体在分离环境样品中PAHs的影响因素；李巧玲等人用SFE技术从甘草中分离出甘草酸，并用HPLC分析了其中的有效成分。SFE技术还被用于测定土壤和沉积物中的石油烃、多氯联苯、有机氯和有机汞等。

二、绿色分析技术

有的分析过程样品量少、不需要任何溶剂或使用有机溶剂少、几乎不使用和产生有害物质、对环境污染小，可实现绿色分析，如近红外技术（NIR）、X射线荧光分析法（XRF）、顶空气相色谱法、扫描电镜—能谱分析技术（SEM-EDS）、电子探针（EMPA）技术、质子荧光分析法（PIXE）、毛细管电泳（CE）等。

此外，适用于现场分析的便携式、小型化分析仪器可有效避免化学试剂在样品采集和储存过程中的潜在危害，缩短整个样品分析周期，节约资源，并符合“绿色分析化学”的概念。

（一）近红外技术

由于近红外谱带受分子内外环境的影响较小，因此近红外技术（NIR）可适用于多种环境条件下的测试分析。

近红外技术不需要事先对液体试剂进行稀释，对固体粉末上也可直接进行漫反射分析，样品预处理非常简单甚至可省略预处理步骤，因而避免了预处理时因溶剂挥发、废液废渣等对环境造成的影响，是一项绿色分析技术。

近红外技术广泛应用于农产品、食品、药物和化工产品的定性和定量分析中。王海水等人总结了近红外光谱在品质分析和定量分析中的应用。北京理工大学杨旭等进行了近红外光谱在含能材料快速分析中的研究。天津大学常敏等人研制了一种近红外成分含量分析仪，并对几个牛奶样品的脂肪和蛋白进行了定量检测。近红外技术因操作简单，在快速、在线分析和过程控制方面的应用将日益增多。

（二）化学发光分析法

测定大气污染物的主要分析方法有分光光度法、容量法、色谱法和原子吸收光谱法，但这些方法的应用有一些局限性。化学发光分析是根据化学反应产生的辐射光强度来测定物质含量的分析方法。它具有仪器简单、灵敏度高、分析速度快、易于自动化等优点，在环境科学研究中得到了广泛的应用。

黄胜堂报道了一种以 Tween 80 为增敏剂的罗丹明 6G 测定硫化物的流动注射—化学发光（FI–CL）方法。东北大学理学院分析科学研究中心王洋等人将固化有罗丹明 6G 的 732 型阳离子交换树脂装填在一玻璃微柱内，以 H_2SO_4 溶液（含 1.5%Tween 80）作为载流，使样品溶液以一定的流速通过固化有罗丹明 6G 的阳离子交换柱，产生化学发光用于大气中的 SO_2 的检测，结果与标准方法相符。章竹君等人利用 NaOH 溶液吸收 $S0_2$，通过 HCl 中和释放，样品溶液通过一含有鲁米诺的阳离子交换柱后注入螺旋型流动池中反应，测量化学发光强度。

用于大气环境监测的化学发光分析方法在许多方面还需要进一步改进和完善，例如：发展更多、更有效的样品收集处理技术；与色谱、毛细管电泳等分离设备联用达到较为理想的分离鉴别效果；采用控制释放、循环利用、固定化、固相催化等多种方法进一步降低试剂的消耗；研究更多的发光体系（如无鲁米诺发光试剂的化学反应发光体系）进一步扩大分析范围。

（三）X 射线荧光分析法

X 射线荧光分析（XRF）具有准确、快速、测定范围宽、能同时测定多种元素、自动化程度较高和不破坏样品等优点，已广泛地应用于环境污染监测。其分析过程的各个阶段不需要任何溶剂，几乎不使用和产生有害物质，已广泛应用于地质、矿山、冶金、建材、环境保护、考古和商检等各个领域的科研与产品品质检验。例如，测定大气飘尘中痕量金属化合物；借助电子计算机，可以自动监测大气飘尘以及大气中二氧化硫和气溶胶吸附的硫，也适用于测定各种水体悬浮粒子中的重金属以及溶解于水中的痕量元素。梁述延等人报道了采用粉末压片制样，通过 X 射线荧光光谱法测定土壤样品中 C、N、S、Cl、Br、Hf、Mo、Sn 等 36 种元素的分析方法；张运波等人采用 X 射线荧光光谱法测定钢中有害元素 P、S、As、Pb、Zn、Sn 的含量，并实现了在线分析；刘新斌等人用 X 射线荧光光谱法测定炉渣中 CaO、MgO、Al_2O_3、SiO_2 等的主要成分；胡岚等人利用 X 射线荧光光谱法测定推进剂中的 Al、Mg 的含量，样品测试结果与化学方法一致。袁丽凤等人利用红外光谱结合 X 射线荧光光谱方法对合成的橡胶粒子进行了分析鉴定。

（四）顶空气相色谱分析技术

顶空气相色谱分析技术的相较于传统气相色谱（GC）具有样品前处理简单，省时省力省溶剂，注入的气体较为清洁的优点，可延长色谱柱寿命。

顶空气相色谱法广泛用于食品、水质及生物材料等样品的分析，许多分析方法已成为国家标准。如食用油中残留溶剂的测定，食品包装材料中氯乙烯单体的测定，水中氯仿、苯、甲苯、二甲苯、乙苯、异丙苯、苯乙烯、二氯甲烷、二氯乙烷、氯丁二烯的测定。朱艳等人用专用自动顶空进样器和大口径毛细管柱对静态顶空气相色谱法测定水中苯系物进行了研究，发现最低检出限浓度是 0.001mg/L，可用于地表水和废水中苯系物的测定。符展明等人对顶空气相色谱法在卫生检验及生物医学中的应用进行了总结概括。

（五）其他绿色分析法

1. 毛细管电泳

毛细管电泳（CE）广泛应用于化学、环境、生命科学、医药科学、临床医学、分子生物学、法庭和侦破鉴定、海关、农学、生产过程监控、产品质检以及单细胞和单分子分析等领域。

2. 光诱导化学蒸气发生

光诱导化学蒸气发生是近几年来化学蒸气发生方法的新发展，是一种相对绿色的分析技术。郭旭明、江桂斌、王秋泉、侯贤灯等课题组在这个领域开展了一系列工作。李媛等人巧妙利用酒中本身存在的乙醇，设计了一种不需要加入其他任何试剂，仅在紫外光照射下便能对酒中的汞进行测定的绿色分析方法。

3. 微全分析

20世纪90年代以来，方兆伦院士在国内率先开展了微流体分析系统的研究，发起并主持了第165届象山科学大会，讨论了该领域的发展战略。方兆伦院士领导的研究小组在微流控芯片的开发方面做了许多开创性的工作。此外，高健等人还研究了微流控芯片在微通道中采用液压与电子控制技术相结合的单细胞导入、细胞滞留和黏附现象，利用电泳缓冲液在高电场中实现了人血细胞的快速膜溶解。林炳成等人研究了微流控芯片分析化学实验室操作单元的构建和系统集成，并对其在分子水平、细胞水平和模型生物水平的应用进行了研究。

4. 催化发光传感器

气态或气溶胶的分析物在固体表面产生的化学发光现象称为催化发光。基于催化发光的气体传感器，产生催化发光时不需要使用发光试剂、测试后的尾气毒性通常有所降低，测量装置简单，且易于小型化，有望成为野外分析便携式传感器的潜力。清华大学张新荣课题组研制了一系列基于纳米催化发光的乙醇、乙醛、氨、硫化氢等气体传感器。一些通常被认为不具有催化活性的材料，如碱土金属氧化物（MgO）、碱土金属碳酸盐（$SrCO_3$）等，也展现了较好的催化发光活性。

5. 小型化分析仪器

分析化学应以微型化、仪器化为发展方向。侯贤灯课题组和北京瑞利公司共同研发了我国第一台商业化便携式钽丝电热原子吸收光谱分析仪。钽丝作为一种重要的金属原子化器，能很好地满足小型化的要求。而检测器则采用便携式的电荷耦合器件，使得该仪器将在野外水分析中获得重要应用。辛娟娟等人使用液芯光纤作为吸收池、小型化感光耦合组件作为检测器，使光度计整体小型化，进样量为0.1mL，在没有使用任何辅助试剂的情况下，成功地实现了水溶液中Cr(Ⅵ)和Cr（Ⅵ）的测定。省时省力、无污染，符合“绿色分析化学”的理念。

绿色分析化学是绿色化学的重要组成部分。结合我国的实际情况，积极研究和发展绿色的分析方法和分析技术，把这些对环境友好的分析方法、技术应用到分析测试中去。

第四节　绿色化学前景与展望

绿色化学是化学工业领域中的一种新兴策略。化工生产的绿色化适应可持续发展的要求，使人类在不超越资源与环境承载能力的条件下，促进经济发展，同时保持资源的持续和生活质量的提高。

绿色化学作为一门新兴的前沿科学，是 21 世纪化学发展的主流。面对中国的化工生产和化学教育出现的新机遇与挑战，必将涌现出更多的专家和学者来从事绿色化学的研究工作，为绿色化学作出应有的贡献。

一、绿色化学教育新发展

环境保护需要绿色化学，绿色化学需要开展绿色化学教育。由于许多污染物的组成成分、性质特点、形成过程、毒性、危害性、治理和预防方法等，都与化学密切相关。因此决定了化学教育在绿色教育中的主导地位。美国环境教育专家大卫·沃斯曾指出，人们普遍认为环境问题可以通过一些技术来解决。虽然先进技术是有用的，但当前的危机不仅是技术问题，更是人们思维问题。环境危机实际上是一场教育危机，而教育本身就是形成和发展人们思维能力的一种手段。将绿色化学的观点和理论引入课堂，使化学专业的学生能够从“绿色”的角度理解化学，学习化学，其他专业的学生也应该对环境和绿色化学有一个新的认识，以提高环境意识。通过绿色意识教学，传授绿色科技知识，传播绿色文化，倡导绿色行为，是实现绿色化学教育的有效途径。

（一）在实验教学中实践绿色化学思想

化学实验是化学的基石，是体现绿色化学内容，培养学生绿色意识的主要途径。

化学教材中的许多实验内容都体现了绿色化学的思想。如对固体和液体试剂的用量提出了限制；强调了常见的事故避免方法和应急处理措施；介绍了特殊试剂的保存和使用的原则和方法；对可能造成污染的废弃物的处理，如将氮集中处理、再利用或转化为非污染物，并引入还原法以减少污染；减少浪费的小型化学实验，增加了小型家庭实验，使实验更具生命安全性；在实验室有毒气体（如氯气生产）的生产和性能实验中，充分利用了防止和减少环境污染的装置、密闭收集装置；用氢氧化钠溶液吸收尾气，防止空气污染；为了减少氮氧化物对室内的污染，在试管口放置一组沾有水或稀盐酸的棉球，吸收多余的氨气；在铜与硝酸反应的实验中，试管罩用透明塑料袋拧紧，以确保对废弃物的有效收集。

在化学实验教学过程中，除规范实验操作外，教师有意识、有系统地引导学生正确处理废弃物，并充分利用现有资源和反应产物，尤其是溶剂或辅助试剂的回收。科学合理的绿色化学实验设计对培养和增强学生的绿色化学意识和创新意识具有重要的现实意义。例如，萃取实验中使用的有机溶剂 CCl_4 和煤油可以用较浓的 NaOH 溶液洗涤分离，随后可以通过再萃取、回收、浓缩、化学处理等方法，实现再利用。在实验工作中，教师运用绿色化学的思想，引导和培养学生严谨的实验态度和科学的实验方法，节约药品，减少环境污染，不仅提高了实验的科学性，为实验操作的规范化奠定了基础，也培养了学生良好的实验习惯，使学生能够学习实用的应用技术，同时也增强了学生的环保意识，在化学实验教学中实现了绿色化学的理念，从而更有效地防止污染。

绿色化学不是一门独立的学科，而是一项战略方针、指导思想和研究政策。它自然地渗透到有机化学、无机化学、工业化学和物理化学中等领域中。

我国国民经济建设的发展需要不同类型的化工人才，相应地需要构建多样化的课程结构。第二届教学指导委员会对基础化学课程体系的改革，规定基础化学课程和实验化学课程基本内容和总学时，在更宽松的范围内，对基础化学课程和实验化学课程进行改革。没有统一规定基础化学课程的课程结构。

目前，我国高校实验教学改革主要涉及以下几个方面：

（1）实验管理体制改革。改变基础实验室由教研部、科研组管理的局面，建立高校、系、校二级管理体系。

（2）改革实验教学的内容、结构和方法。明确化学实验教学中学生必须接受和掌握的训练项目、基本操作技能和实验仪器，从而在宏观上规范基础实验教学。

（3）取消专业实验，改用综合性化学实验，以培养学生综合运用所学理论知识和实验技能解决实际化学问题的能力。

（4）实施“三阶段法”组织教学。整个实验内容分为基础训练、综合实验和研究性实验三个层次，有助于培养学生的综合能力。

（5）开放实验室。建立学生开放实验室是培养学生创新意识和创新能力的有效途径。

（6）加强实验室建设。

此外，与国外本科化学教学相比，我国化学实验条件存在较大差距。对于大多数化学和应用化学专业来说，化学实验室的建设比较困难，实验条件长期没有得到改善。因此，加大投入配备合格的实验室主任，建设一支高素质的各级实验教师队伍，是一项紧迫而艰巨的任务。

（二）在其他活动中开展绿色化学教育

学生对化学物质的可能造成的污染和化学反应对环境的影响有一定的了解时，教师应引导学生思考和学习一些有关绿色化学和环境保护的课题，并将这些课题带到教学中去，研究性学习中的绿色化学教育。此外，现行的化学教学大纲还指出：“有必要组织和指导学生开展化学课外活动，以扩展知识面，拓宽视野，使学生得到更深入、更广泛的发展。”因此，开展第二课堂、学生科技活动、学生社区活动等丰富的课外活动，对深化学生课堂知识，培养和发展学生的能力和专长具有重要意义。

实施绿色化学教育，需要教育工作者持之以恒地努力、探索、研究和实践。他们不仅要有能力发展新的、更环保的化学来防止化学污染，还要培养年轻一代学习绿色化学，接受绿色化学，为绿色化学做出应有的贡献。

（三）绿色大学的建设与发展

在当前，英国大多数学校认为教育的失败是那些未能培养出对环境问题有责任感和危机感的学生的失败。在瑞典，环境问题的教育已成为大学教育不可或缺的一部分。著名的隆德大学要求所有的教育部门将环境问题纳入相关学科和研究课程。

清华大学提出建设绿色大学的目标后，许多高校纷纷效仿，提出了办学思想改革的新目标。创建绿色大学的模式并不完全相同：清华大学以“三个绿色工程”为绿色大学建设模式；哈尔滨工业大学提出了“建设中心，做好三项工作”的建设模式；北京师范大学以“弘扬绿色教育，建设绿色校园，倡导绿色”为宗旨。广州大学侧重于“建设绿色校园，发展绿色服务，培养绿色人才，促进可持续发展”。这些模式的提出，积极推动了高校绿色大学的建设，并取得了良好的效果。

目前，教育部开展的五年制本科教学评价，通过教学评价的机制来促进绿色大学的建设，是一项十分有效可行的重要措施。

二、绿色化学大有可为

绿色化学体现了化学科学、技术与社会的相互关系和作用，是化学科学高度发展的产物，也是社会在化学科学发展中的作用。这标志着化学科学新阶段的到来。在 21 世纪，绿色化学将展现出巨大的潜力。

（一）绿色化学与国防

随着国防工业的发展，武器弹药在其寿命周期内各环节中的健康、洁净、环保和低污染销毁以及航天发射的绿色环保问题，越来越受到关注。军工行业迫切需要引进“绿色”环保理念，提出并形成了“绿色弹药”的概念。

近年来的火炸药技术研究开发主要包括新品种、新制造工艺、新型销毁和回收利用技术三大方面。

1. 绿色固体推进剂

国外研究开发的绿色环保型固体推进剂品种主要有 AN 推进剂、HNF 推进剂、ADN推进剂、无铅双基推进剂、以热塑性弹性体（TPE）聚合物为黏合剂的推进剂、含HCl清除剂的HTPB复合推进剂、使用可水解黏合剂的交联固体推进剂等。这些绿色环保型推进剂不使用污染环境和破坏臭氧层的AP以及有害铅化合物，而使用清除剂来减少推进剂燃烧后HCl的排放，使用热塑性弹性体聚合物来实现推进剂的无溶剂连续加工，以提高生产效率并实现边角料的再利用，从配方设计方面保证其特性，实现废旧推进剂最大限度的回收利用等。有些品种的性能水平已接近或达到实用的水平，例如，德国以TPE为黏合剂的固体推进剂已用于底排发动机中，美国海军水面作战中心和聚硫橡胶公司合作研究的以六硝基六氮杂异伍兹烷（CL-20）和环三亚甲基三硝胺（RDX）为填料的TPE推进剂在20世纪90年代末成功制造出ϕ105mm的推进剂药柱，并进行ϕ115mm全尺寸发动机实验。

2. 绿色发射药

目前已开发和应用的绿色发射药主要包括以TPE和含能TPE聚合物为黏合剂的发射药和对传统发射药进行低毒或无毒化改进的新型发射药。国外常见报道的新型LOVA发射药就是以TPE聚合物为黏合剂、采用连续工艺生产的绿色发射药；美国陆军研究发展工程中心（ARDEC）推进技术研究与工程部和雷德福陆军弹药厂合作开发用于中口径训练炮弹的环境友好绿色发射药，避免使用有毒组分硝酸钼、二苯胺和磷酸二丁酯，而通过使用各种硝酸酯和硝氧乙基硝胺（NENA）来确保绿色发射药的弹道、力学和能量水平满足要求，并使用无溶剂工艺生产，是对传统发射药进行了无毒化改进的新型发射药。

3. 绿色点火药

美国洛斯·阿拉莫斯国家实验室采用一种纳米复合含能材料（MIC，Al/MoO_3）作为点火药制造出了更加安全环保的电点火器。该技术获得了被誉为工程技术界诺贝尔奖的美国“R&D100奖”。美国加州大学申请的环保型电点火器专利中的点火药剂也是一种采用溶胶—凝胶法（Sol-Gel）法制备的纳米复合材料。该点火药以纳米级分散的金属氧化物和铝粉为主要组分，取代了常规点火药中的有毒有害成分（如铅），可实现电点火器的绿色环保化。

4. 绿色起爆药

目前，起爆药广泛使用的关键组分为含铅敏感化合物，还可能用到硫黄、硝酸钼等有毒的添加剂，这些成分对环境有害且影响人体健康。因此，开发绿色起爆药的关键就是解决这些组分的替代问题。目前，研究开发的绿色替代化合物主要有美国洛斯·阿拉莫斯实验室筱竺领导研制的含有硝基配体的铁基络合物、德国绿色炸药开发专家菲尔德研究的多氮化合物。起爆药在250℃以下具有热稳定性，且感度可控，对光不敏感，吸湿性低，不含有毒金属和高氯酸盐，可消除重金属和高氯酸带来的污染，获得了美国最佳应用研究年度奖励系列之一“R&D100 奖”，并申请了 3 项专利。

德国慕尼黑大学研究了含铅起爆药的多氮化合物绿色替代物，主要包括叠氮化氢（N_5H_5）和三硝基三叠氮苯（TNTA）。N_5H_5 在燃烧过程中只产生 N_2 和 H_2，爆速特别高。TNTA 与氧化剂混合点燃时会发生爆炸，产生无害的 N_2 和 CO_2。

5. *火炸药的绿色制造、绿色销毁和回收利用技术*

火炸药的绿色制造技术包括 N_2O_5 作硝化剂的含能硝基化合物的化学合成，过硝酸盐作硝化剂、微生物作催化剂的生物合成技术，连续化柔性制造技术，基于双螺杆混合成型火炸药生产技术，火炸药生产中挥发性污染物的安全消除技术和纳米复合含能材料的 Sol–Gel 制备技术。绿色销毁和回收利用技术包括销毁产品的熔盐氧化技术，摧毁含能化合物废水的光催化技术以及火炸药的回收再利用技术。

炸药技术领域的绿色转型是一项系统工程，对人类社会的健康、环境保护和可持续发展具有重要意义，将会受到越来越多的关注。

（二）绿色化学与能源

开发丰富的绿色新能源和可再生能源是化学工业必须解决的问题。在我国目前的能源结构中，煤炭是主要能源。由于煤的硫含量高、燃烧不完全，我国燃煤产生的二氧化硫和烟尘排放量分别达到 1600 万吨和 1300 万吨。由二氧化硫造成的酸雨严重破坏了生态环境。因此，研究和开发洁净煤化工技术迫在眉睫。

同时，还应该促进现代生物技术在煤炭脱硫、微生物造纸和生物质能研究中的应用。石油是关系国家经济发展和国家安全的战略资源。我国汽油、柴油质量较低，导致空气污染严重。根据清洁汽油和柴油生产的要求，采用计算机分子模拟、原位表面结构表征和瞬时反应等现代方法，形成了汽油和柴油绿色化的基础，并进一步加强了指导作用。此外，还需要展开绿化途径和化学基础的基础研究。开发新型高效催化剂，建立基于原子经济反应的绿色催化过程，特别是重质和劣质石油深度转化的主要催化过程。

自然资源有限，人类生产的各种化学物质能否循环利用、再生利用，也是绿色化学研究的一个重要领域。世界塑料年产量已达 1 亿吨，其中大部分是石油裂解乙烯和丙烯催化聚合生产的。1 亿吨的塑料中约有 5% 在使用后的一年内被作为废物排放，这使得“白色污染”问题在中国尤其严重，如包装袋、午餐盒、汽车垃圾等。我国的塑料用量高达 30 万吨。造成“白色污染”和石油资源浪费严重。回收废塑料、将其转化为其他化学品、燃料油或用于焚烧气体发电将是人类未来采取的有用的措施。金属材料的开采、精炼和制造也是消耗大量能源和劳动力的行业，如铝材，广泛应用于建材、飞机和日用品。纯铝电解制备是一个耗电量大的行业，需要对铝废料的回收再生技术进行研究。

（三）其他社会生活领域中的绿色化学

1. 农业方面

生态农业是绿色农业发展的理想模式。农药和肥料科学一直是化学和农业的交叉学科。绿色农药的发展应优先发展低毒、高效的农药。为此，应开展以下研究：基于目标结构或知识，发现和优化绿色化学农药的新结构；从天然生物源的小分子中发现农药的新目标、机制和结构；研究农药抗性的靶结构及其药效学；开发农药活性评价的新方法；探索绿色化学农药创新研究的关键理论方法和技术及农药清洁生产工艺和设备。

2. 保健医药方面

人类健康与化学工业的密切联系，主要体现在人们日常生活中需要的化学日用品和医疗用品上。化妆品朝着自然、生物、疗效和功能性发展。采用绿色化工设计、绿色化工技术和绿色生产工艺，是洗涤剂、化妆品等日化行业科研生产部门的重要研究课题，并大力倡导和发展“绿色化工医药”。

3. 低碳经济

低碳技术具有广阔的应用前景和发展空间。其技术转让、设备制造、产品生产及相关服务将成为未来新的经济增长点。发展低碳经济，必须调整能源结构、产业结构和技术创新，这是走可持续发展道路的重要途径，是环境战略重点的创新性转变，也是人们对环境问题从被动反应到主动行为认识的飞跃。

（四）新的机遇与挑战

为实现未来经济社会的可持续发展，中国绿色化工面临新的机遇和挑战。要求传统化工向绿色化工方向发展。而绿色化学和化学工业对促进化学工艺的可持续发展起着重要作用。

相关研究人员在绿色化学和化学工业领域，开展了替代原料、试剂、溶剂、新型催化剂和合成工艺研究，并取得了一些成就，其中部分实现了工业生产。例如，通过对废弃物的处理，将其转化为动物饲料和有机化学品，一些新材料在绿色化学和化工领域也展现出具有巨大的潜力。例如，甲壳素是一种绿色材料，具有独特的性能、良好的组织相容性、生物可降解性且符合环保要求，其化学开发和应用前景广阔。稀土功能材料和稀土掺杂材料也广泛应用于氢化物 / 镍二次电池、燃料电池和锂离子电池等三种绿色化工电源。

我国大规模生产和使用有机高分子材料，但其绝大多数不能自然降解，污染河流和空气，不仅造成资源浪费，而且严重威胁着人们的生活环境。因此，有机高分子材料的生态设计和循环利用是人类生存环境的需要，具有重要的政治和经济意义。

目前，物质合成与制造面临的挑战是：用分子自组装法合成具有特定性质的有序体系，研究物质在不同时空尺度上形成与转化的化学性质和规律；结合理论计算模拟和现代实验方法揭示分子运动规律；预测新分子的生态影响，并指导新物质分子的创造；制定新的物质合成和转化战略以及环境友好的新化学体系，以实现对特定结构物质的新的可控制造；设计高效、环保、低能耗的生产工艺。

未来，随着我国的工业化、城市化的持续发展，人口增多和对化学工业的需求增多，以及人民群众对改善环境、提高生活质量的要求也日益提高，绿色化学作为化学工业的必然选择、新的科技发展的产物，为解决人类的生存问题开了一剂良药，成为开启人类更高层次文明大门的一把金钥匙。如果绿色化学能被广泛应用在各种科技领域，相信定能保护人类赖以生存的环境，带来更加和谐美好的生活。

参考文献

[1] Dawood S, Sen T K , Phan C. Synthesis and characterisation of novel-activated carbon from waste biomass pine cone and its application in the removal of congo red dye from aqueous solution by adsorption [J] .water air soil pollut., 2014, 225:1.

[2] Moussavi G, Mahmoudi M. Removal of azo and anthraquinone reactive dyes from industrial wastewaters using MgO nanoparticles [J] .J. Hazard. Mater., 2009, 168: 806.

[3] Kyzas G Z, Fu J, Matis K A. The change from past to future for adsorbent materials in treatment of dyeing wastewaters [J] . Materials., 2013, 6: 5131.

[4] O'Neill C, Hawkes F R, Hawkes D L, et al. Colour in textile effluents-sources, measurement, discharge consents and simulation: a review [J] . J. Chem. Technol. Biotechnol., 1999, 74: 1009.

[5] Vandevivere P C, Bianchi R, Ver straete W. Treatment and reuse of wastewater from the textile wet-processing industry: Review of emerging technologies [J] .J. Chem. Technol. Biotechnol., 1998, 72:289.

[6] Bazin I, Hassine A, Haj Hamouda Y, et al. Estrogenic and anti-estrogenic activity of 23 commercial textile dyes [J].Ecotoxicol. Environ. Saf., 2012, 85:131.

[7] Fernández J, Kiwi J, Lizama C, et al. Factorial experimental design of Orange Ⅱ photocatalytic discolouration [J] . J. Photochem. Photobiol. A., 2002, 151: 213.

[8] Shi B Y, Li G H, Wang D S, et al. Removal of direct dyes by coagulation: The performance of preformed polymeric aluminum species [J] ..J. Hazard. Mater., 2007, 143:567.

[9] Chen W X, Lu W Y, Yao Y Y, et al. Highly efficient decomposition of organic dyes by aqueous-fiber phase transfer and in situ catalytic oxidation using fiber-supported cobalt phthalocyanine [J] .Environ. Sci. Technol., 2007, 4: 6240.

[10] Wong Y C, Szeto Y S, Cheung W H, et al. Equilibrium studies for acid dye adsorption onto chitosan [J] .Langmuir, 2003, 19: 7888.

[11] Gupta V K, Gupta B, Rastogi A, et al. A comparative investigation on adsorption performances of mesoporous activated carbon prepared from waste rubber tire and activated carbon for a hazardous azo dye—Acid Blue 113 [J] .J. Hazard. Mater., 2011, 186: 891.

[12] Shen Y, Fang Q, Chen B. Environmental applications of three-dimensional graphene-based macrostructures: adsorption, transformation, and detection [J] . Environ. Sci. Technol., 2015, 49: 67.

[13] Zhao G, Jiang L, He Y, et al. Sulfonated graphene for persistent aromatic pollutant Management [J] .Adv. Mater., 2011, 23: 3959.

[14] Bi H, Xie X, Yin K, et al. Spongy graphene as a highly efficient and recyclable sorbent for oils and organic solvents [J] . Adv. Funct. Mater., 2012, 22: 4421.

[15] Kannan C, Muthuraja K, Devi M R. Hazardous dyes removal from aqueous solution over mesoporous aluminophosphate with textural porosity by adsorption [J] .J. Hazard. Mater., 2013, 244: 10.

[16] Wen Y, Shen C, Ni Y, et al. Glow discharge plasma in water: A green approach to enhancing ability of chitosan for dye removal [J] . J Hazard Mater, 2012, 201:162.

[17] Zhang S, Zeng M, Li J, et al. Porous magnetic carbon sheets from biomass as an adsorbent for the fast removal of organic pollutants from aqueous solution [J] .J Mater Chem A., 2014, 2: 4391.

[18] Auta M, Hameed B H. Modified mesoporous clay adsorbent for adsorption isotherm and kinetics of methylene blue [J] . Chem Eng J, 2012, 198, 219–227.

[19] Hajjaji M, Alami A, Bouadili A E. Removal of methylene blue from aqueous solution by fibrous clay minerals [J] . J Hazard Mater., 2006, 135, 188–192.

[20] Karcher S, Kornm ü ller A, Jekel M. Screening of commercial sorbents for the removal of reactive dyes [J] . Dyes Pigm., 2001, 51, 111–125.

[21] Babel S, Kurniawan T A. Low–cost adsorbents for heavy metals uptake from contaminated water: a review [J] . J Hazard Mater., 2003, 97, 219–243.

[22] Schoumacker S, Hamelin O, Pecaut J, et al. Catalytic asymmetric sulfoxidation by chiral manganese complexes: acetylacetonate anions as chirality switches [J] . Inorg.Chem., 2003,42 : 8110.

[23] Xie Y M, Zhang Q S, Zhao Z G. New optical supramolecular compound constructed from a polyoxometalate cluster and an organic substrate [J] . Inorg.Chem., 2008,47:8086–8090.

[24] Luo J H, Hong M C, Wang R H. A novel 1D ladder–like organic–inorganic hybrid compound [$(Cu(bIz)_2)$]$_2$ [$\{Cu(bIz)_2\}_2Mo_8O_{26}$] (bIz=benzimidazole) [J] . Inorg. Chem., 2003,6:702–705.

[25] Zhang J W, Li X H, Gong C H. Syntheses, structures and properties of a series of bis (benzimidazole) –based coordination polymers tuned by camphorate and divalent transition metal ions [J] .2014,419:111–117.

[26] Wang X L, Hou L L, Zhang J B. Bis (benzimidazole) –based ligands–directed the various dimensionality of metal–organic complexes based on carboxylates co–ligands: Syntheses, structures and properties [J] .2013,405:58–64.

[27] Wang X L, Qu Y, Liu G C. A series of flexible bis (imidazole) –based coordination polymers tuned by central metal ions and dicarboxylates: Diverse structures and properties [J] .Chem. Commun., 2014,412:104–113.

[28] Cui Y J, Yue Y F, Qian G D. Luminescent functional metal–organic frameworks [J] .Chem. Rev., 2012,112: 1126–1162.

[29] Cui Y J, Yue Y F, Qian G D. Luminescent functional metal–organic frameworks [J].

Chem. Rev., 2012,112: 1126–1162.

[30] Sheldrick G M, SHELXTL–97. Program for refinement of crystal structures, university of Gottingen, Germany.

[31] Mizuno N, Kamata K, Yamaguchi K. Oxidative functional group transformations with hydrogen peroxide catalyzed by a divanadium–substituted phosphotungstate [J]. Catal. Today., 2012, 185: 157–161.

[32] Lu H Y,Zhang Y N,Jiang Z X, et al. Aerobic oxidative desulfurization of benzothiophene, dibenzothiophene and 4,6–dimethyldibenzothiophene using an Anderson–type catalyst [$(C_{18}H_{37})_2N(CH_3)_2$]$_5$[$IMo_6O_{24}$] [J]. Green Chem., 2010, 12: 1954–1958.

[33] Zhang Z X, Zhang F W, Zhu Q Q, et al. Magnetically separable polyoxometalate catalyst for the oxidation of dibenzothiophene with H_2O_2 [J]. J. Colloid Interface Sci., 2011, 360: 189–194.

[34] Liu D, Lu Y, Tan H Q, et al. Polyoxometalate–based purely inorganic porous framework with selective adsorption and oxidative catalysis functionalities [J]. Chem. Commun., 2013, 49: 3673–3675.